中国农业科学院科技创新工程专项（CAAS-ASTIP-2016-IEDA）

紫花苜蓿遗传图谱构建及重要农艺性状QTL定位

◎ 刘凤岐　杨青川　曾希柏　著

中国农业科学技术出版社

图书在版编目（CIP）数据

紫花苜蓿遗传图谱构建及重要农艺性状 QTL 定位 / 刘凤歧，杨青川，曾希柏著 . —北京：中国农业科学技术出版社，2019. 3

ISBN 978-7-5116-4049-9

Ⅰ. ①紫… Ⅱ. ①刘… ②杨… ③曾… Ⅲ. ①紫花苜蓿—遗传图 Ⅳ. ①S541.035.2

中国版本图书馆 CIP 数据核字（2019）第 026564 号

责任编辑 崔改泵 李 华
责任校对 贾海霞

出 版 者 中国农业科学技术出版社
北京市中关村南大街12号 邮编：100081
电　　话 （010）82109708（编辑室）（010）82109702（发行部）
（010）82109709（读者服务部）
传　　真 （010）82106650
网　　址 http: // www.castp.cn
经 销 者 各地新华书店
印 刷 者 北京建宏印刷有限公司
开　　本 710mm × 1 000mm 1/16
印　　张 8.5
字　　数 131千字
版　　次 2019年3月第1版 2019年3月第1次印刷
定　　价 69.00元

版权所有 · 翻印必究

前　言

紫花苜蓿（*Medicago sativa* L.）是最重要的豆科牧草之一，也是世界上栽培面积最大的豆科牧草，具有产量高、品质好、抗逆性好、适应性广等优点。苜蓿的最佳刈割期是现蕾期和初花期，而在中国华北和东北等主产区，苜蓿收获季节经常和降雨同期，严重制约苜蓿产业的发展。早熟性是作物的重要育种目标性状，有利于调整耕作制度，减免前、后期自然灾害的损失。通过培育和种植早熟高产苜蓿品种，可在雨季前完成前两茬的苜蓿收获，避免雨淋造成的重大损失。利用早熟品种与普通品种的搭配来调控刈割期，可以避免大面积集中收获时由于人力、机械不足，被迫推迟收获时间而造成的产量损失和品质下降。

我国审定登记的早熟品种很少，远远不能满足实际生产需要。选育早熟、高产的苜蓿新品种已成为当前苜蓿育种的一个重要方向和需求。目前，关于紫花苜蓿早熟性状的遗传特性和基因调控机理方面的研究国内外报道较少，利用杂交群体对产量相关性状和早熟相关性状进行遗传特性分析，通过构建遗传连锁图谱初步获得紫花苜蓿遗传信息，进而通过关联分析定位到数量性状位点，对苜蓿遗传改良和分子育种都具有重大实际意义。

本书以早熟低产和晚熟高产紫花苜蓿的杂交F_1代为材料，对亲本及杂交群体的农艺性状进行了多年多点测定。采用多元分析法和主-多基因分析研究苜蓿主要农艺性状的遗传特性，构建了较高密度的遗传图谱并对重要农艺性状进行了QTL定位。全书共分为6章，内容包括绪论、紫花苜

蓿作图群体的农艺性状多元分析、紫花苜蓿作图群体农艺性状主-多基因混合遗传分析、紫花苜蓿分子标记遗传图谱的构建、紫花苜蓿重要性状的QTL定位、讨论与结论。为了全面反映紫花苜蓿遗传图谱构建及QTL定位国内外最新研究成果，本书参考和引用了大量相关文献，其中大多数已在书中注明出处，但难免有所疏漏。在此，向有关作者和专家表示感谢，并对没有标明出处的作者表示歉意。

本书还凝聚了许多农业领域科研人员的智慧和见解，首先要感谢中国农业科学院北京畜牧兽医研究所的杨青川老师，多年来他在科研工作中的教诲和指导让我受益良多。对于研究过程中遇到的问题和困惑，多次请教中国农业科学院北京畜牧兽医研究所的康俊梅老师和张铁军老师、北京林业大学晁跃辉老师、中国农业科学院蜜蜂研究所孙成老师，他们的指点让我茅塞顿开。感谢中国农业科学院北京畜牧兽医研究所郭文山老师、龙瑞才老师及各位老师的指导。感谢中国农业科学院北京畜牧兽医研究所张帆博士的帮助。

本书将主-多基因混合遗传分析法与遗传图谱相结合，从宏观和微观两个角度深入揭示苜蓿农艺性状的遗传特性、主效QTL数量及其效应，两者互相印证，体现了多学科交叉。由于著者水平有限，书中错误或不妥之处在所难免，诚恳希望同行和读者批评指正。

著　者

2019年1月

目　录

1　绪论

紫花苜蓿（*Medicago sativa* L.）是最重要的豆科牧草之一，也是世界上栽培面积最大的豆科牧草。苜蓿的最佳刈割期是现蕾期和初花期，而在中国华北和东北等主产区，苜蓿收获季节经常和降雨同期，严重制约苜蓿产业的发展。早熟性是作物的重要育种目标性状，有利于调整耕作制度，减免前、后期自然灾害的损失（Christian等，2009）。通过培育和种植早熟高产苜蓿品种，可在雨季前完成前两茬的苜蓿收获，避免雨淋造成的重大损失。利用早熟品种与普通品种的搭配来调控刈割期，可以避免大面积集中收获时由于人力、机械不足，被迫推迟收获时间而造成的产量损失和品质下降。但目前我国审定登记的早熟品种仅有淮阴苜蓿、关中苜蓿和晋南苜蓿3个地方品种，远远不能满足实际生产需要。选育早熟、高产的苜蓿新品种已成为当前苜蓿育种的一个重要方向和需求。目前关于紫花苜蓿早熟性状的遗传特性和基因调控机理方面的研究国内外报道较少，利用杂交群体对产量相关性状和早熟相关性状进行遗传特性分析，通过构建遗传连锁图谱初步获得紫花苜蓿遗传信息，进而通过关联分析定位到数量性状位点，对苜蓿遗传改良和分子育种都具有重大实际意义。

1.1　紫花苜蓿育种研究进展

我国苜蓿育种研究工作基础薄弱，长期偏重于传统育种，在数量遗传、分子遗传及生物技术等方面研究滞后，遗传育种和相关学科的交叉合

作开展较少，致使良种选育在深度、稳定性和抗逆性等方面同世界先进水平有较大差距，投入生产应用的良种较少。近年来随着西部大开发战略的实施和畜牧业的快速发展，苜蓿育种工作在整个畜牧业生产中的基础地位日益凸显，种植面积不断扩大，培育高产优质的苜蓿新品种越来越受到重视，我国苜蓿育种工作进入了一个新的发展阶段。截至2016年12月，我国选育的苜蓿品种已通过全国牧草品种审定委员会审定登记的有76个，其中育成新品种35个，地方品种19个，国外引进品种17个，野生驯化品种5个。

国外苜蓿种植的主要国家有选择地培育苜蓿品种的工作始于20世纪初期，1897—1909年Hanson对欧亚大陆进行了苜蓿种质资源的收集和筛选；1909—1910年美国主要开展引种和地方品种的驯化工作；1921发现豌豆蚜为害苜蓿；1925年大面积暴发苜蓿细菌性凋萎病，从此加强了抗病育种的进程；1940—1943年相继培育出抗细菌性萎蔫病苜蓿品种Ranger和Buffalo；1966年育成了抗豌豆蚜的苜蓿品种（Washoe）；1938年发现野生耐寒、耐旱黄花苜蓿新资源后，通过种间杂交育种，于1955年育成了耐寒、耐旱、适应性强的苜蓿品种Rambler。到20世纪70—80年代，国际上苜蓿育种的方向从单纯强调产量转向产量与品质并重，从单一抗性到多种抗性，1987年美国育成固氮能力强、高抗镰孢菌枯萎病、疫霉根腐病、豌豆蚜和苜蓿斑点蚜的苜蓿新品种Nitro。21世纪初期，在苜蓿育种技术上取得突破，把常规育种技术与细胞及组织培养、细胞融合、基因工程等技术相结合，育成了具有更多优异性状的新品种。

1.2　紫花苜蓿重要农艺性状研究

形态学指标的研究与筛选是遗传特性和分子机制研究的基础，由于简便直观，更是育种工作的基础，农艺性状除受遗传因素的影响，受环境因素的影响也较大。目前，紫花苜蓿的形态学相关研究较多，其中紫花苜蓿的产量是育种家重点关注的性状，产量因子是数量性状，受多种因素影响，不同人员研究的结论也有所差异。Popovic等（2007）研究表明株高

是影响单株干重的主要因素。王雯玥等（2010）对不同叶形紫花苜蓿研究的结果显示，通过合理密植促进分枝数增加，进而增加草产量。张瑞富等（2010）研究结果表明，侧根数、主根重、侧根重和产量有显著相关关系。Monirifar等（2011）认为株高、分枝数、茎节数、叶片大小和产量显著相关。岳彦红等（2012）将35个生长10年的紫花苜蓿品种进行相关性研究，结果表明，产量和分枝数存在正相关关系。杨伟光等（2015）研究表明产量主要由分枝数、株高、茎叶比、单株重等因素构成。贾瑞等（2015）对杂交F_1代紫花苜蓿进行研究，结果表明，单株分枝数、干鲜比和粗蛋白是影响生产价值最大的因子。因此，产量性状受到多种因素的影响，同时品种差异和环境的差异也会对产量造成很大影响。

关于苜蓿早熟性状也有相关研究，目前，研究苜蓿早熟性时通常将主茎第一花序作为一个基准，进行茎节长度等性状的观测，并对光照和温度等因素对整体花期的影响进行了研究。但是，早熟性是一个由多基因控制的复杂综合性状（涉及主茎生长速度和第一生殖节点的位置等）（Fabrice等，2006）并受光照、温度等多个环境因素的影响。目前，紫花苜蓿的模型研究多集中于营养生长，而对其早熟性状中间变量的解剖不够深入，限制了对该性状遗传机制的研究。因此，有必要采用更加客观的评价测定方法，将早熟性状解剖为多个中间变量并建立生长发育分析体系，有助于描述、分析和预测其发育进程（Moreau等，2006），深入研究早熟性状的遗传规律。蒺藜苜蓿是豆科的模式植物，与四倍体苜蓿之间存在高度的同线性（Julier等，2006），其研究结果对指导紫花苜蓿相关研究具有重要意义。目前已有几种不同的数学模型分析了不同环境条件下的蒺藜苜蓿开花过程。Moreau等（2007）研究了温度、春化时间和光周期对蒺藜苜蓿A17品系开花的影响，建立了比较完善的生殖生长分析体系。其他豆科植物开花进程的研究也有报道，如豌豆的始花期与第一个生殖节的位置有关，豌豆和大豆主茎的开花进程受温度影响很大（Jeudy等，2005）。这些研究的一个重要思路是以热时间为基础进行生殖发育进程的解剖、分析和预测（Trudgill等，2005）。此外，大多数用于描述品系的表型性状均受环境

的影响，相反，一些生态生理模型的参数却不受生长环境条件的影响。利用这些参数已对蒺藜苜蓿和大麦等早熟基因型进行了比较，为分析基因型的变异、检测控制开花QTL提供了有力支持。

1.3 紫花苜蓿的遗传特性

紫花苜蓿具有二倍体和四倍体等倍性，栽培型紫花苜蓿主要是四倍体。四倍体紫花苜蓿具有异花授粉、自交不亲和的特点，因此难以获得纯合子和自交系植株（Hanson等，1988）。四倍体植物具有复杂的分离模式，具有双减数分裂、完全随机分离等分配形式（王梦颖等，2014）。由于二倍体苜蓿和四倍体苜蓿具有相关的遗传机理特点，相关研究结果可应用于紫花苜蓿育种工作中（Kaló等，2000）。因此苜蓿属大部分研究基于二倍体苜蓿和紫花苜蓿亚种开展（Sakiroglu等，2017；Small等，2011）。但是由于倍性的差别，相关遗传分离规律还是存在一定的差异，因此还需要继续开展紫花苜蓿遗传研究。

紫花苜蓿在减数分裂时会发生染色体重组，而依据重组率计算连锁距离是遗传图谱构建的主要方式。因此研究重组率产生规律是对苜蓿进行遗传研究的第一步。减数分裂重组是在生殖细胞中发生同源染色体交换的一种情况，它是真核生物有性生殖过程中的特殊细胞分裂形式（Lichten等，2011）。通过姐妹染色单体间的交换，重组片段能够保持恰当的比例，同时也能增加后代的遗传多样性（Yanowitz等，2010）。多倍体是包含2倍以上基础染色体条数的物种（Jackson等，2011），而研究证明减数分裂重组会对多倍体物种进化有一定的影响（Pecinka等，2011）。因此通过对重组率进行研究是从侧面研究多倍体物种的一个方法。四倍体可以分为双二倍体和同源四倍体，双二倍体是由于2个不同亚种的二倍体杂交产生的（Brownfield等，2011）；而同源多倍体是由于1个亚种进化产生的（Brownfield等，2011），因此四条染色体间并没有区别，在减数分裂时并不会产生分离偏好（Wu等，2001）。

二倍体植物在减数分裂过程中很容易构建后代分离的数学模型，而这

种实现可以通过单标记和多标记共同完成，通过计算重组率就能轻易的构建遗传图谱。但是对于同源四倍体来说，由于减数分裂的复杂性，可能会产生二价体，在二价体形成过程中也会发生同源染色体的互换。同时也有可能产生四价体，四价体也是两两配对，但是配对的四条染色体会发生位置转换，由于发生位置转换，也就产生了所谓的双减数分裂，即包含相同姐妹染色单体信息的两条同源染色体被分配到同一个配子中（Mather等，1935）。一个位点如果发生双减数分裂，就需要同源染色体形成四价体，并且在该位点和着丝粒之间发生重组（Luo等，2004）。

通过估计双减数分裂系数就能够预测双减数分裂的情况（Wang等，2012），同时估计重组率对于构建连锁图谱也是很有必要的（Ripol等，1999）。虽然早在1047年Fisher已经提出同源四倍体的两个连锁位点会产生11种配子形式（Fisher等，1947），但是直到最近半个世纪才有一些研究是基于四倍体的重组和双减数分裂形式开展的（Wu等，2001；Lu等，2012）。但是这些研究所构建的分离模型还是有很多问题，包括很多研究结论是按照试验结果进行描述性分析，并没有从理论上考虑重组和双减数分裂产生的影响，没有一个统一的模型用来进行配子比例计算，所有的模型都是按照特定配子情况计算的，因此不能用于进一步试验。因此四倍体研究还存在诸多困难，首先构建能够用于四倍体植物配子分裂情况的模型是进行后续研究的先决条件。

1.4 分子标记概述

随着苜蓿产业的迅速发展，对产量高、抗逆性强的优良品种的需求日益明显，目前我国的苜蓿育成品种数量少，技术含量低，远不能满足苜蓿生产多方面的要求，利用分子标记辅助育种可加速苜蓿育种进程，缩短育种年限。随着科学技术的迅猛发展，分子标记与转基因技术已经广泛应用于苜蓿育种。转基因技术在苜蓿抗寒抗旱、抗盐碱、抗膨胀病、抗除草剂、抗病虫以及延缓植株木质化过程上已有很大成效。分子标记技术在苜蓿辅助育种和种质渐渗研究、遗传连锁图谱绘制、种质鉴定和遗传多样性

等方面应用广泛。21世纪是生物科学取得突破性成就的时代，应加强现代生物技术在苜蓿育种上的应用研究，积极探索育种的新技术和新方法，促使苜蓿育种取得突破性进展。

早期苜蓿育种研究主要是基于表型评价，对决定目标性状的基因并不清楚。而近年来，随着生物技术的发展，越来越多的生物技术开始应用于苜蓿遗传分析的研究。尤其是20世纪90年代初将分子标记技术应用到苜蓿种质资源的研究中，用于苜蓿品种纯度的鉴定、分类，揭示物种的亲缘关系。利用分子标记对苜蓿产量进行研究也有相关报道（Musial等，2006；Robins等，2007a）。利用分子标记对两个表型差异显著的亲本获得性状分离的后代构建遗传连锁图谱，为重要性状的标记定位等方面都提供了理论依据和技术支持，使得定位甚至克隆重要性状QTL成为可能。目前，应用于苜蓿的分子标记主要有限制性内切酶片段长度多态性（Restriction Fragment Length Polymorphism，RFLP）、扩增片段长度多态性（Amplified Fragment Length Polymorphism，AFLP）、随机扩增多态性DNA（Randomly Amplified Polymorphic DNA，RAPD）、简单重复序列间扩增（Inter-simple Sequence Repeat，ISSR）、简单重复序列（Simple Sequence Repeat，SSR）和单核苷酸多态性（Single Nucleotide Polymorphism，SNP）等。

SSR（简单重复序列）也称微卫星标记，是一类由1～6个核苷酸组成的基本重复单位串联构成的一段DNA，其中最常见是双核苷酸重复，即（CA）n和（TG）n。在SSR标记中每个微卫星DNA的核心序列结构相同，而重复单位数目一般为10～60个，其高度多态性来源于串联数目的不同。SSR标记的基本原理是根据微卫星序列两端的互补序列来设计引物，通过PCR反应扩增微卫星片段由于核心序列串联重复数目不同，大小也不同，能用PCR的方法扩增出不同长度的PCR产物，通过凝胶电泳即可分离，根据分离片段的大小决定基因型并计算等位基因频率。SSR具有以下一些优点：一般为单一的多等位基因位点；微卫星呈共显性遗传，可用来鉴别杂合子和纯合子；SSR标记所需的DNA量少，但是在采用SSR技术分

析微卫星DNA多态性时必须知道其重复序列两端的DNA序列的信息。目前，SSR分子标记在紫花苜蓿上的应用较为广泛。

SNP标记是相对于AFLP、SSR等第一、第二代分子标记来说的第三代分子标记。SNP多态性是由于单个碱基变化而引起DNA序列发生的多态性改变。SNP多态性在植物基因组中大量存在，因此可以根据DNA序列的不同分辨不同苜蓿材料的遗传信息差异（Han等，2011）。根据SNP多态性的特点，SNP标记已经大量应用于动植物遗传学研究，并且由于其多态性高、检测方便、准确性高等特点已经应用于紫花苜蓿GWAS分析（Liu等，2017）、全基因组选择（Biazzi等，2017）、基因芯片开发（Li等，2014a）等研究中。由于GBS（Genotyping-by-Sequencing）技术的产生（Elshire等，2011），使得SNP标记检测成本大大降低，同时检测准确性也很高，另外该技术能够应用于无参考基因组的植物（Li等，2014b）。因此基于该技术的研究已经大量存在，例如Zhang等利用GBS技术对198份抗旱性差异明显的紫花苜蓿材料进行全基因组关联分析，最终定位到19个和抗旱相关的SNP位点，并且大部分SNP位点能够进一步定位到候选基因（Zhang等，2015）。同时Yu等利用188个F_1代单株构成的群体进行黄萎病抗性分析，最终根据测序结果获得10个和黄萎病显著关联的位点，其中5个位点能够定位到和抗性相关的候选基因（Yu等，2017）。

1.5 苜蓿遗传图谱研究进展

遗传连锁图谱被认为是从两个亲本中分离出的染色体地图（Paterson等，1996）。遗传图谱反映了不同分子标记间的遗传距离和染色体上的相对位置，最主要的用途是鉴定候选基因和QTL位点在染色体上的位置，这种图谱也被称为QTL图谱。QTL作图是基于联会过程中染色体上基因和分子标记重组的理论，因此就能在子代中根据重组率进行遗传分析。距离近的标记或者基因在重组过程中较距离远的标记或者基因更容易连锁遗传。在一个分离群体中，既有亲本基因型也有重组基因型。根据重组型的频率就能计算重组率，进一步就能计算不同标记间的遗传距离。通过对分

子标记进行分析，不同标记间的相对顺序和相对距离就能被确定。重组率越低，说明连锁越紧密。当不同标记间的重组率达到50%时，这2个标记就被认为是不连锁的，它们的遗传距离很远或者在不同染色体上。一般基于连锁不平衡比率计算不同标记的连锁情况，连锁不平衡比率经过对数转换进行计算，该转换被称为比率对数（LOD）或者LOD值（Risch等，1992）。一般利用LOD值大于等于3作为构建连锁图的标准。

国外对于苜蓿图谱的构建研究起步较早，同时二倍体物种的作图标记基因型方法简单、准确度高，因此早期的苜蓿遗传连锁图谱都以二倍体栽培苜蓿作为构图群体，国外目前已构建的二倍体苜蓿图谱有：Brummer等（1993）以紫花苜蓿W2xiso和蓝花苜蓿PI440501的86个F_2群体为材料，用130个RFLP标记构建了包含10个连锁群，覆盖图距467.5cM的遗传图谱。Kiss等（1993）也发表了其利用紫花苜蓿变种和蓝花苜蓿F_2重组群体的遗传图谱，该图谱具有包括RFLP、RAPD、同功酶标记和表型标记共计89个分子标记。Echt等（1994）用二倍体栽培苜蓿所获得的87个回交群体组成的作图群体，采用RFLP、RAPD绘制了F_1和1个回交亲本的遗传图谱，并用16个公共标记整合成一张包括130个标记、8个连锁群的图谱。Tavoletti等（1996）用黄花苜蓿（*Medicago falcata* L.）2n-雌配子发生突变体和二倍体栽培苜蓿杂交产生的55个F_1群体构建了分别包括父、母本的遗传图谱，并利用共有的RFLP标记进行了图谱整合和比较研究。Barcaccia等（1999）用紫花苜蓿产生的48个F_1群体，共用了AFLP、RAPD、RFLP的67个标记构建了包含19个连锁群覆盖图距368.6cM的遗传图谱。Kaló等（2000）利用蓝花苜蓿与紫花苜蓿变种获得的137个F_2重组群体构建了较为饱和的二倍体苜蓿遗传图谱，8个连锁群总图距为754cM，共有868个标记，包括608个RAPD、216个RFLP、26个种子蛋白、12个同功酶、4个表型标记和2个特异性PCR标记。Choi等（2004）用EST分子标记构建了截形苜蓿（*Medicago truncatula*）的93个F_2遗传图谱，8个连锁群上288个标记覆盖图距513cM。

苜蓿的四倍体复杂遗传特性，异花授粉和综合品种等遗传特性，遗

传图谱的构建较为困难，近年来，单剂量位点（Single Dose Alleles，SDAs）作图方法的使用，使得四倍体栽培苜蓿遗传图谱的构建成为现实。国外目前已构建的比较公认的四倍体苜蓿遗传图谱有：首例四倍体苜蓿遗传图谱由Brouwer和Osborn（1999）利用2个各为101株的回交群体构建成功，采用单剂量位点（SDAs）方法将88个RFLP构成7个连锁群，总遗传距离为443cM，饱和度相对较低。Julier等（2003）利用168个F_1杂交重组群体分别构建了父、母本和整合的连锁图谱，589个AFLP标记构成了遗传距离分别为2 649cM和3 045cM的双亲连锁图谱，同时利用107个SSR标记构建了遗传距离为709cM的整合图谱。Sledge等（2005）利用紫花苜蓿和黄花苜蓿为亲本杂交构建了2个93个BC_1群体，用246个包括EST-SSR、基因组SSR和BAC文库SSR的分子标记代替首例图谱中的88个RFLP，构建了较为饱满的遗传图谱，总遗传距离为624cM。随着饱和度更高的四倍体遗传图谱绘制成功，今后进一步研究的重点是四倍体遗传图谱在重要农艺性状基因定位中的应用。

目前，国内尚未构建出一套完整的四倍体苜蓿遗传连锁图谱。魏臻武（2004）利用SSR、ISSR和RAPD技术构建了苜蓿的指纹图谱。刘曙娜等（2012）利用高产紫花苜蓿和高抗黄花苜蓿杂交构建94个F_2群体，用51个RAPD分子标记构建了四倍体苜蓿分子遗传连锁框架图，其中包含8个连锁群，标记覆盖的基因组总长度约为1 261.5cM，标记间平均距离为24.73cM。

随着GBS简化基因组测序技术的产生（Elshire等，2011），无参考基因组植物也能够利用测序方法检测SNP信息，同时该方法也能够应该用于四倍体紫花苜蓿。目前，利用SNP标记进行遗传图谱的构建在苜蓿中报道较少，这主要是SNP检测技术直到最近几年才被普及，目前利用HRM技术和GBS技术能够进行连锁图谱构建。Han等（2012）利用高密度溶解曲线（HRM）技术对紫花苜蓿进行SNP标记检测并构建遗传连锁图谱，最终获得14个能够定位到连锁图谱上的标记。但是该技术由于检测效率慢，并不能大量获得SNP位点，因此未在苜蓿中大量应用。Li等（2014b）利用GBS

技术对紫花苜蓿F_1代作图群体进行连锁图谱构建，通过GBS技术最终获得3 591个能够用于构建连锁图谱的SNP标记。最终分别构建一幅父母本连锁图谱，覆盖图距为2 133cM，在父母本中的平均标记密度分别为1.0cM和1.5cM，该图谱较第一、第二代分子标记显著提高了标记密度和覆盖图距。

1.6 苜蓿QTL定位研究进展

QTL（Quantitative Trait Locus）指的是控制数量性状的基因在基因组中的位置，QTL定位就是采用类似单基因定位的方法将QTL定位在遗传图谱上，确定QTL与遗传标记间的距离（以重组率表示）。数量性状位点的精确定位是植物遗传研究领域的热点。QTL定位是根据表型信息和基因型信息结合筛选候选基因或者位点的一种分析方法。根据分子标记的有无区分不同基因型，进而利用这些分子标记构建遗传图谱，最后根据不同分子标记和表型关联的程度获得候选基因或者位点（Yong等，1996）。如果一个标记和一个QTL位点没有关联或者关联不紧密，那么在减数分裂时它们就会独立分离，这时表型和基因型之间就没有关联。如果存在关联，那么这个标记和QTL位点就会连锁遗传，根据这个原理就能定位到候选位点。最常用的有2种常用检测QTL位点的方法，分别是区间作图法和复合区间作图法（Liu等，1998）。区间作图法是根据单个标记和QTL位点的连锁程度进行定位，而复合区间作图法是根据2个标记或者多个标记定位QTL位点。复合区间作图法较区间作图法更准确（Zeng等，1994）。

近几年QTL定位应用得较为广泛，在植物上，模式植物、大田作物等抗逆性基因、主要农艺性状相关基因等方面的定位较多。紫花苜蓿利用QTL定位进行相关性状的研究已经开展多年，但相关的基因定位还处于起步阶段。Savoure等（1995）发现紫花苜蓿的周期素合成基因在5号连锁群上，位于RFLP标记U089A和CG13之间。Kiss等（1997）发现苜蓿叶型改变为黏连状的突变体基因位于6号连锁群上，在RFLP标记U0533和TMS32两者之间：接种根瘤菌后，形成白色无效根瘤的基因在7号连锁群上，与

RAPD标记OEP7X相连锁。Barcaccia等（1998）发现了一个AFLP标记，它与控制苜蓿卵子不完全减数分裂的其中一个基因距离10.1cM。堪萨斯州立大学农学系的Amand等（1998）以四倍体苜蓿为材料，进行了抗炭疽病基因的分子标记鉴定。Obert等（2000）通过筛选和鉴定，得到了2个与霜霉病相关的分子标记。Brummer等（2000）采用分子标记技术构建了二倍体和四倍体苜蓿的遗传图谱，鉴定和定位了与产量、品质、形态特征、越冬率和秋季生长潜力等性状相关的QTL，并分离出与光周期和温度有关的诱导冬眠的基因。Tavoletti等（2000）鉴定并定位了与二倍体苜蓿多核小孢子形成相关的QTL。Musial等（2006）首次定位到与苜蓿产量相关的QTL位点，总共包含16个与产量相关的QTL位点。Narasimhamoorthy等（2007）对苜蓿耐铝性的QTL进行定位分析。Robins等（2007a）重新构建出更高密度的连锁图，并对产量性状进行分析获得41个与产量相关QTL位点，这是首次大量利用SSR标记进行QTL定位的研究。根据该研究得出的遗传图谱信息，Robins等（2007b）又定位到株高、再生性等性状的QTL位点，因此可利用同一作图群体进行多性状QTL定位。根据该材料的特性，Robins等（2008）又对苜蓿抗逆性进行QTL定位，最终获得3个能够解释30%以上表型变异的QTL位点。Paula等（2011）对极端温度条件下紫花苜蓿种子萌发和出苗前的生长性状作了QTL分析。Luz del Carmen等（2013）对二倍体蒺藜苜蓿的饲料品质进行了QTL分析。McCord等（2014）利用紫花苜蓿回交产生的128个单株组成的群体进行QTL定位分析，并对产量、抗倒伏性、返青率等指标进行分析，最终定位到2个和倒伏相关的主效QTL位点，并且在3号染色体上定位到一个能够解释25%变异的产量相关位点，而返青率相关QTL位点和产量位点具有相似的标记位置。杨青川等（2001）通过筛选和鉴定，得到了与耐盐性连锁的RAPD标记1个，并将其用于种质鉴定和分子标记辅助育种。桂枝等（2002）用RAPD标记方法对抗褐斑病苜蓿进行了多态性研究，为抗褐斑病基因的分子标记研究以及基因定位研究奠定了基础。

栽培苜蓿是四倍体，连锁分析和数量性状基因检测较复杂。20世纪

70年代，Elston和Stewart提出一个主基因和多基因的遗传模型。Pierre等（2008）对3个蒺藜苜蓿重组近交系的花期变异进行了评价和QTL检测，证明了第7条染色体上存在花期的主效QTL，并鉴定出6个候选的控制基因，在重组近交系LR1、LR4和LR5中，第7条染色体的主效QTL位点分别可以解释31%～34%、60%、11%～20%的变异，与单个群体相比，对3个不同作图群体的分析检测到了更多的QTL位点，并给出了更精细的主效QTL定位。王建康和盖钧镒等（1998，2000，2005）在前人研究的基础上针对植物数量性状能提供大样本容量等优点，将混合分布理论与数量遗传学相结合，提出了一套完整的分离分析方法“植物数量性状遗传体系主基因–多基因混合遗传模型分离分析法”，用于鉴别数量性状的主–多基因混合遗传模型并估计有关的遗传参数。目前，我国育种家已将该模型用于棉花和油菜等作物的早熟性等重要性状的分析（范术丽，2006）。本研究首次将主–多基因混合遗传模型分离分析法与QTL定位相结合，从宏观和微观2个角度分析苜蓿的重要农艺性状，两者相互印证，以明确是否存在主效基因及其位置和效应大小。

1.7　本研究目的和意义

本研究以早熟低产和晚熟高产紫花苜蓿亲本杂交获得的F_1代为材料，采用多元分析和主–多基因分析研究苜蓿主要农艺性状的遗传特性，为分子育种提供参考依据。通过SSR和SNP分子标记方法构建了遗传连锁图谱，并对F_1代产量和花期相关农艺性状进行了QTL定位。本研究将主–多基因混合遗传分析法与遗传图谱相结合，首次从宏观和微观2个角度深入揭示苜蓿农艺性状的遗传特性、主效QTL数量及其效应，两者互相印证，体现了多学科交叉的优势。同时，填补以紫花苜蓿杂交F_1代为材料构建高密度SNP遗传连锁图谱的空白。本研究的实施有助于从分子水平揭示紫花苜蓿重要农艺性状的遗传规律与基因作用模式，对于提高苜蓿重要性状的遗传操纵能力，加快苜蓿新品种的选育进程具有重要的理论指导意义。

2 紫花苜蓿作图群体的农艺性状多元分析

2.1 引言

苜蓿农艺性状的基础分析研究是开展遗传特性和分子机制研究的基础。由于紫花苜蓿自交不亲和，不同个体间遗传差异巨大，因此，研究人员通常利用通过构建遗传群体的方法开展数量性状的基础研究。为了使苜蓿研究材料获得理想的性状表现，需要大量显著的、包括种内、种间和属间等多水平的遗传变异，这些遗传变异可通过基因重组、杂交（携带理想性状材料间）获得（Ashraf，2010；Annicchiarico，2015；Ashraf，2009）。亲本表现型不同的紫花苜蓿单株杂交能够产生性状分离的后代（云锦凤，2001）。例如，牛小平等（2006）利用7种不同的苜蓿品种进行杂交，研究F_1代的开花习性，发现亲本及F_1代在生长特性及水分利用效率等方面存在显著差异。贾瑞等（2015）研究了15个杂交组合F_1代单株的生物学性状，结果表明，杂交后代在产量和品质方面表现出显著差异。本研究将花期和产量差别显著的单株进行杂交，得到杂交F_1代并对杂交群体和亲本的农艺性状进行综合研究，以期能够揭示相关性状的遗传变异程度和遗传规律。

2.2 材料与方法

2.2.1 试验地点的气候概况

田间试验于2014—2015年开展，连续2年分别在廊坊基地（北纬39.48°，东经116.28°，海拔31.3m）和通州基地（北纬35.19°，东经113.53°，海拔73.2m）2个地点种植。

廊坊基地位于河北省廊坊市中国农业科学院（万庄）国际农业高新技术产业园内。该基地位于河北省中部偏东，位于廊坊市区西北部近郊，西部和北部与北京市大兴区的朱庄乡、采育乡、安定乡接壤，东距廊坊市区12km，北距北京市区35km。地处中纬度地带，属暖温带大陆性季风气候，四季分明。夏季炎热多雨，冬季寒冷干燥，春季干旱多风沙，秋季秋高气爽，冷热适宜。光热资源充足，雨热同季，有利于农作物生长。年平均气温（1971—2000年）为11.9℃。1月最冷，月平均气温为-4.7℃；7月最热，月平均气温为26.2℃。早霜一般始于10月中、下旬，晚霜一般止于翌年4月中、下旬，年平均无霜期为183d左右。年平均降水量（1971—2000年）为554.9mm。降水季节分布不均，多集中在夏季，6—8月3个月降水量一般可达全年总降水量的70%～80%。年平均日照时数（1971—2000年）在2 660h左右，每年5—6月日照时数最多。试验地土质为中壤土，pH值7.37，含有机质1.69%。

通州基地位于北京市通州区宋庄镇，位于北京市东南部。属大陆性季风气候区，受冬、夏季风影响，形成春季干旱多风、夏季炎热多雨、秋季天高气爽、冬季寒冷干燥的气候特征。年平均温度11.3℃，年平均降水量620mm左右。

2.2.2 试验材料与设计

紫花苜蓿，蔷薇目、豆科、苜蓿属、紫花苜蓿种，多年生草本。栽培苜蓿为异花授粉，同源四倍体，生产中的苜蓿品种大多为综合品种。苜蓿植株高度杂合，存在严重的近交衰退，自交可导致自交不育或致死等位基因的组合。因此，F_2群体中很可能出现由于一些基因型死亡导致的遗传偏差问题（Julier，2003）。借鉴以往研究的经验，在本研究中同样使用F_1群体进行遗传分析和图谱构建。

试验材料包括一组紫花苜蓿杂交F_1群体和父本P_1、母本F_2。亲本材料选自中苜7号紫花苜蓿选育过程中的中间材料。中苜7号新品种由中国农业科学院北京畜牧兽医研究所选育，具有早熟、高产等特性，已申报全国草品种审定委员会区域试验并获通过，开始参加全国草品种区域试验。在本试验中，杂交F_1群体父本的特点为早熟、低产、叶量少、叶片小，母本的特点为晚熟、高产、叶量多、叶片大。2012—2014年在河北省廊坊市万庄地区的试验表明，早熟材料第一茬比晚熟材料提早开花10～15d。通过人工杂交获得F_1代材料，共包括152份单株。

首先，在廊坊温室中采用盆栽的方式播种F_1代种子，建立原始作图群体。然后，利用扦插的方式将各单株和亲本进行无性繁殖，获得亲本和F_1单株个体的3个重复。于2013年秋季移栽到田间，每个重复均包括154株（亲本+F_1）。廊坊和通州2个基地的田间试验都采用随机区组设计，3次重复，行距1.0m，株距0.6m。无施肥和灌溉，人工除草。在入冬前进行一次留茬5cm的刈割，从而保证个体间的一致性。

2.2.3 测定项目与方法

每年5月中旬（紫花苜蓿第1茬初花期）进行各项指标的测定，包括鲜重/单株、干重/单株、分枝数/单株、茎叶比、株高、茎粗、主茎节数、平均节间长和始花期等农艺性状指标，测定方法具体如下。

（1）鲜重（Fresh weight）。第1朵小花开花时刈割，留茬5cm，然后称量鲜重。

（2）干重（Dry weight）。将单株存放于温室自然晾干，然后称取重量。

（3）分枝数（Branch）。刈割后统计单株基部所有的枝条数。

（4）茎叶比（Stem leaf ratio）。干重称量后进行茎叶分离，称取茎重和叶重，茎叶比=茎重/叶重。

（5）株高（Height）。测量最长枝条距离地面的最大高度。

（6）茎粗（Diameter）。随机挑选5个枝条测量基部分枝的直径，然后取平均值。

（7）主茎节数（Internode per branch）。随机挑选5个枝条，测定茎节的数量，然后取平均值。

（8）平均节间长（Internode length）。随机挑选5个枝条，分别测定上、中、下不同位置的各一个茎节的长度，然后取平均值。

（9）始花期（Early flowering time）。始花期计算从连续5天日平均温度大于10℃算起（3月16日），直至第1朵小花出现即表示开花所需日期。

2.2.4 数据分析

采用SAS（SAS Institute，2001）软件的PROC GLM程序，对每个环境各性状分别进行方差分析，再进行联合方差分析，用SAS的PROC UNIVARIATE和PROC CORR程序做正态分布检验和相关分析。按照Hallauer（1988）的公式$h^2=\sigma_G^2/(\sigma_G^2+\sigma_{GE}^2/n+\sigma_e^2/nr)$计算遗传力。其中，$\sigma_G$是遗传方差，$\sigma_{GE}$是基因型与环境互作的方差，$\sigma_e$是误差，$n$为环境数，$r$为重复数。

2.3 结果与分析

2.3.1 亲本及杂交F_1代群体的农艺性状

表2-1、表2-2分别列出了苜蓿分枝数、鲜重、株高、茎粗及节间长等性状表型在廊坊、通州基地的基本统计量。图2-1、图2-2对调查的目标性状在廊坊、通州2个环境下的频率分布进行了统计。从整体上看，2个试验点的目标性状存在很大差异。廊坊试验点的分枝数（99.0个）、株高（83.3cm）、节间长（14.8cm）、茎粗（4.2mm）及鲜重（3.2kg）等性

状均远远大于通州的分枝数（27）、节间长（5.6cm）、株高（65.3cm）及鲜重（0.3kg）。通过方差分析，结果表明在$P<0.01$条件下，2个环境下的鲜重、分枝数、株高、节间长等均存在较大差异。而茎粗在2个环境下的差异并不明显（$P<0.05$）。父本在廊坊地区的鲜重、分枝数、株高、茎粗及节间长均显著低于母本（$P<0.05$）。而在通州，父本的鲜重、株高及主茎节数小于母本的相关性状，且差异显著（$P<0.01$）。由此可看出，父本与母本间存在较大差异（$P<0.01$），且2个亲本中可分别对不同性状产生深远影响。

表2-1　廊坊地区苜蓿农艺性状的均值及偏度、峰度值（2014）

Tab. 2-1　Average，Skewness and kurtosis of Alfalfa agronomic traits in Langfang（2014）

性状	父本	母本	平均	标准差	最小值	最大值	峰度	偏度
	1.0	2.0	1.7	0.6	0.2	3.0	−0.4	−0.4
鲜重（kg）	0.6	0.8	1.0	0.4	0.2	1.8	−0.6	−0.4
	0.2	0.45	0.5	0.2	0.1	0.9	−0.8	0.0
	56	101	97.7	34.5	21.0	175.0	−0.5	−0.4
分枝数（个）	94	100	100.8	37.6	21.0	190.0	−0.8	0.0
	79	110	98.4	39.8	7.0	198.0	−0.6	0.1
	76	96.33	93.8	13.8	49.3	126.3	1.0	−1.0
株高（cm）	80.3	79.3	85.4	13.3	36.0	124.7	1.1	−0.3
	66.3	72.33	70.8	9.3	36.3	95.3	1.5	−0.5
	5.87	6.13	5.4	0.6	2.8	7.1	3.0	−0.7
茎粗（mm）	3.83	3.97	3.6	0.5	2.5	5.4	1.4	0.8
	2.33	2.77	3.6	0.5	2.5	5.4	1.4	0.8
	13.93	15.97	16.2	2.4	7.2	23.7	1.1	−0.1
节间长（cm）	12.9	14.77	14.7	2.3	5.2	21.3	1.8	−0.5
	10.77	13.8	13.6	2.9	4.6	33.7	14.5	1.9

表2-2 通州地区苜蓿农艺性状的均值及偏度、峰度值

Tab. 2-2 Average，Skewness and kurtosis of Alfalfa agronomic traits in Tongzhou

性状	父本	母本	平均	标准差	最小值	最大值	峰度	偏度
分枝数（个）	17.33	16.0	21.7	6.9	5.0	45.3	0.8	0.6
	28.67	33.3	32.3	10.1	6.0	54.3	−0.3	0.1
节间长（cm）	7.0	5.04	5.4	0.7	3.5	7.7	0.5	0.1
	4.92	5.42	5.8	0.8	3.7	11.8	19.0	2.5
茎粗（mm）	2.88	3.52	3.1	0.4	2.1	5.5	7.0	1.4
	2.94	3.37	2.9	0.3	2.2	3.6	0.4	−0.1
茎叶比	0.78	1.01	0.8	0.2	0.4	1.6	2.9	1.0
	0.54	0.74	0.6	0.1	0.3	0.8	0.1	−0.1
鲜重（kg）	0.1	0.23	0.2	0.7	0.2	0.4	2.2	1.1
	0.08	0.14	0.1	0.5	0.2	0.3	−0.3	0.0
株高（cm）	66.11	71.44	63.7	8.6	37.3	85.1	−0.1	−0.3
	72.56	76.11	66.9	9.7	33.3	89.4	1.3	−1.0
主茎节数（节）	14.44	15.22	13.7	1.7	10.3	27.3	28.5	3.7
	16.78	16.33	15.3	1.7	8.7	19.2	2.0	−0.9

由图2-1可知，在通州地区测定的5项指标包括干重、分枝数、节间长、茎粗和株高的频率分布与标准正态分布曲线基本重合，表明干重等5项指标均服从正态分布。

由图2-2可知，在廊坊地区测定的8项指标包括干重/单株、鲜重/单株、分枝数、主茎节数、茎粗、节间长、株高和茎叶比的频率分布与标准正态分布曲线基本重合，表明干重等8项指标均服从正态分布。

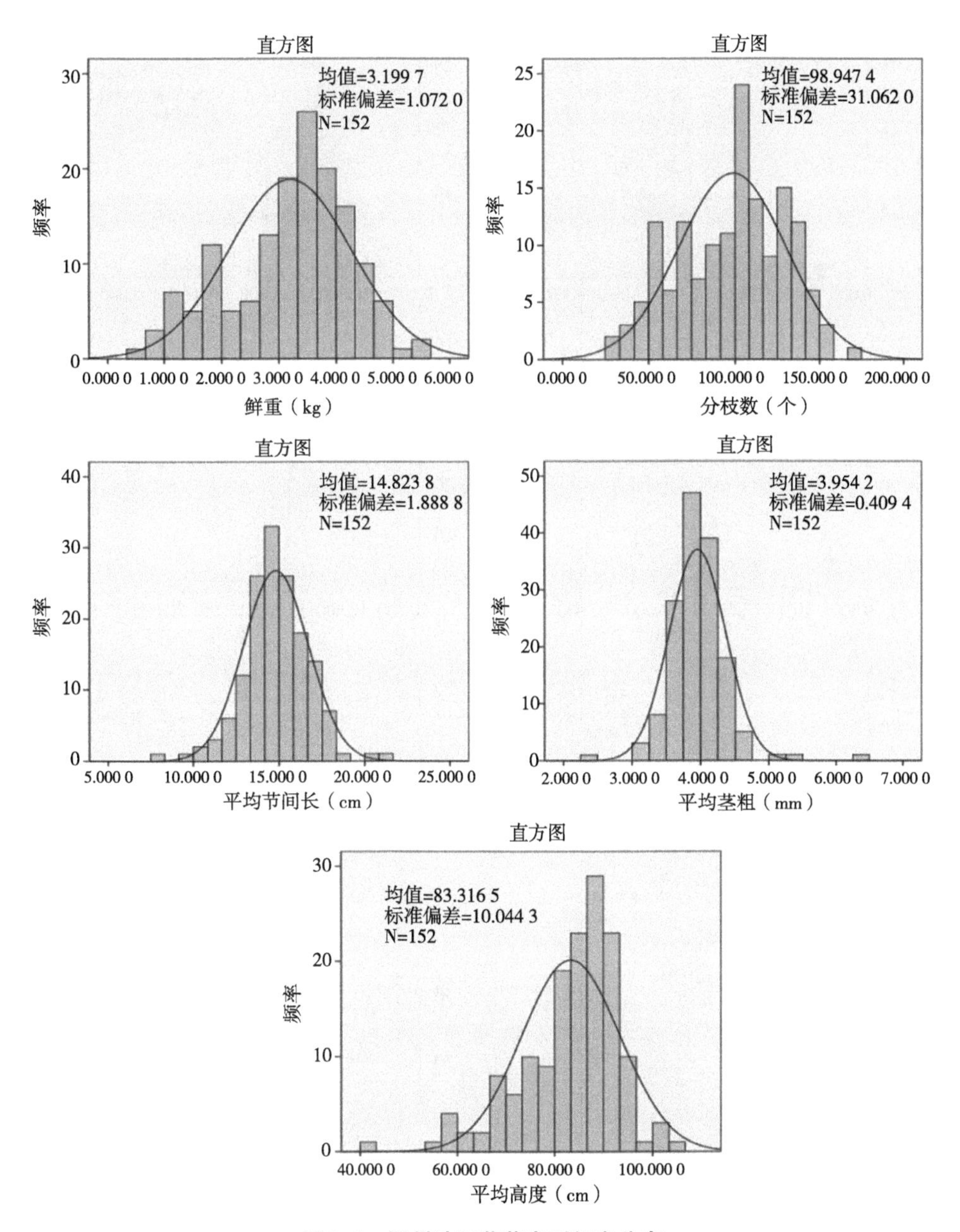

图2-1　通州地区苜蓿表型频率分布

Fig. 2-1　The normal distribution of phenotypic traits in Tongzhou

注：黑色虚线为标准正态分布曲线

Note：Black dotted line means standard normal distribution

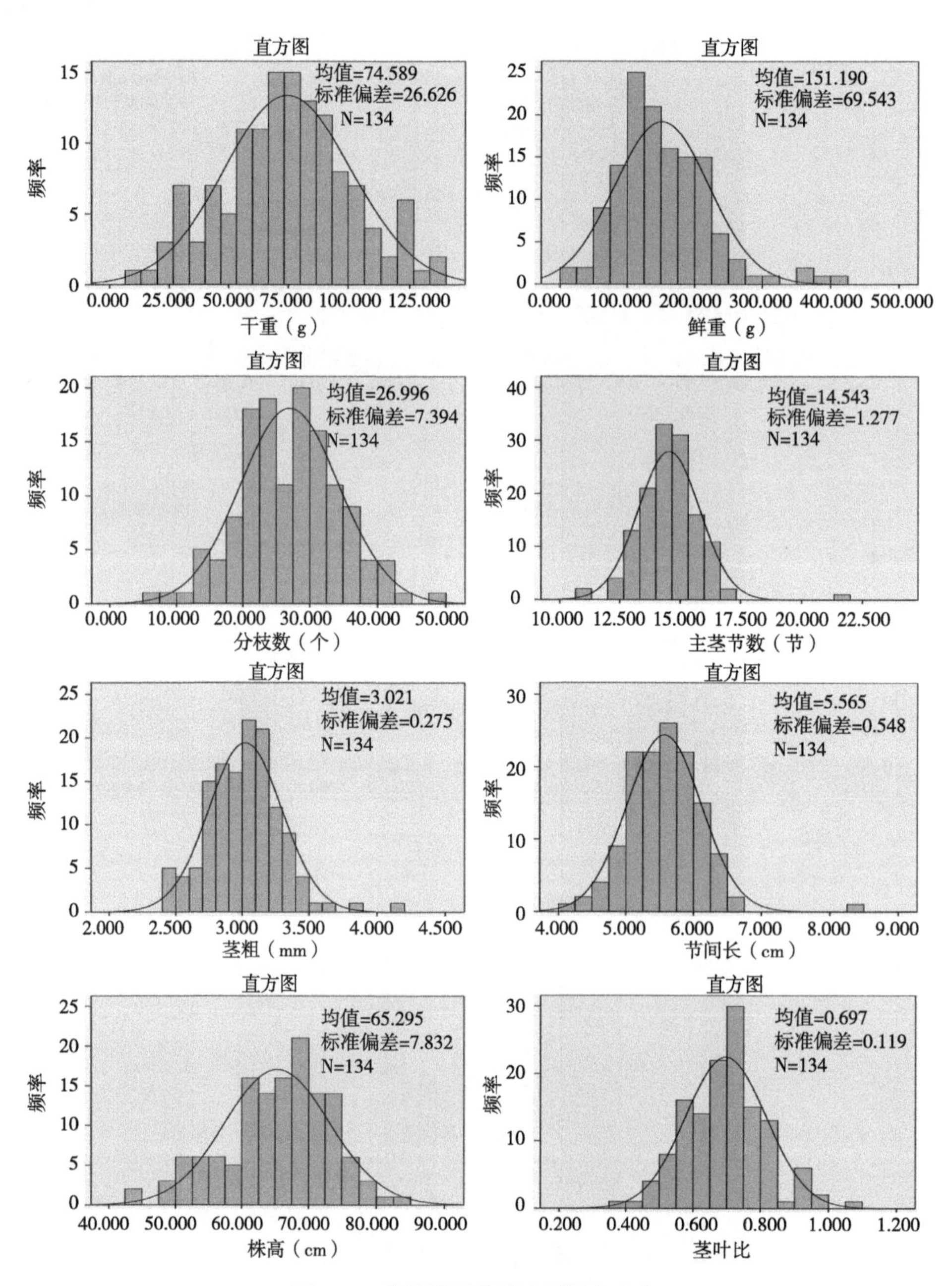

图2-2　廊坊地区苜蓿表型频率分布

Fig. 2-2　The normal distribution of phenotypic traits in Langfang

注：黑色虚线为标准正态分布曲线

Note：Black dotted line means standard normal distribution

2.3.2 农艺性状相关性分析

2个环境条件下目标性状的相关性分析见表2-3、表2-4。从表2-3和表2-4中可以看出，各目标性状间的相关性存在很大差异。在通州、廊坊2个环境条件下，分枝数与鲜重、干重呈极显著的正相关性（$P<0.01$），相关系数最大，廊坊的相关系数是0.73、0.78，通州的相关系数为0.62、0.70。其次是株高与鲜重、干重间相关性也较强，廊坊的相关系数为0.78、0.75（$P<0.01$），通州的为0.56～0.61（$P<0.05$）。同时还发现茎粗也与各性状间呈极显著正相关（$P<0.01$），廊坊的相关系数在0.22～0.36变化，通州的相关系数在0.26～0.53范围内变化（$P<0.01$），且均与株高的相关性最强。研究还发现在通州、廊坊2个环境条件下，节间长与各性状的相关性差异最大，廊坊的节间长与干重、鲜重、分枝数、株高均呈极显著正相关（$P<0.01$），且与株高的的相关系数最大，为0.62，而在通州，节间长与其他各性状间的相关性发生较大变化，节间长只与鲜重、株高呈显著正相关，相关系数分别为0.17（$P<0.05$）、0.33（$P<0.01$）。而与茎叶比、主茎节数呈微弱的负相关，但相关性不显著（$P>0.05$）；节间长还与分枝数、茎粗、干重及鲜重的相关性不显著。茎色与各性状间也均无显著相关性。叶型、开花均与鲜重、干重、分枝数及株高呈显著正相关（$P<0.05$），与茎粗、节间长及株高相关性不显著。由此说明，苜蓿产量的构成因子主要包括分枝数、株高、节间长及茎粗，这些性状的表型值增加可有效提高苜蓿育种进程。

表2-3 廊坊苜蓿表型性状间相关系数

Tab. 2-3 Correlation coefficients among phenotype traits in Langfang

	鲜重	干重	分枝数	株高	茎粗	节间长	茎色	叶型	开花
鲜重	1								
干重	0.817**	1							
分枝数	0.728**	0.775**	1						

（续表）

	鲜重	干重	分枝数	株高	茎粗	节间长	茎色	叶型	开花
株高	0.775**	0.749**	0.580**	1					
茎粗	0.274**	0.222**	0.082	0.360**	1				
节间长	0.424**	0.451**	0.334**	0.623**	0.350**	1			
茎色	0.045	0.035	0.061	0.038	−0.072	0.042	1		
叶型	0.197*	0.221**	0.187*	0.189*	−0.001	0.073	0.069	1	
开花	0.214**	0.206*	0.146	0.206*	0.044	0.126	−0.103	−0.126	1

注：**表示P<0.01条件下显著；*表示P<0.05条件下显著。下同

Note：*，**，significant at the 0.05，0.01 probability level. The same below

表2-4　通州苜蓿表型性状间相关系数

Tab. 2-4　Correlation coefficients among phenotype traits in Tongzhou

	分枝数	节间长	茎粗	茎叶比	鲜重	干重	株高	主茎节数
分枝数	1							
节间长	0.104	1						
茎粗	0.080	0.163	1					
茎叶比	−0.061	−0.015	0.259**	1				
鲜重	0.618**	0.171*	0.358**	0.090	1			
干重	0.695**	0.121	0.293**	0.103	0.541**	1		
株高	0.361**	0.328**	0.525**	0.245**	0.553**	0.614**	1	
主茎节数	0.335**	−0.075	0.312**	0.252**	0.525**	0.512**	0.505**	1

2.3.3　农艺性状广义遗传力分析

遗传力的分析结果见表2-5、表2-6。10个目标性状的遗传力变化范

围是20%～98%。整体上看，各目标性状的遗传力差异较大，与其他性状相比，茎色、叶型、茎叶比、主茎节数的遗传力较大，均在90%以上。而分枝数、产量、株高、茎粗、节间长等性状的遗传力较小，其中分枝数最小，仅为20%，其次是株高的遗传力为60.3%，产量的遗传力为67%。这表明分枝数、株高及产量等性状除了受遗传因素影响外，还较易受到环境的影响。方差分析结果表明，分枝数、产量、节间长、茎粗、株高5个性状与环境均存在显著的互作作用（$P<0.05$）。尤其是分枝数、产量受环境的影响较大，其次是株高、节间长、茎粗，这与遗传力的分析结果是一致的。

表2-5　2个环境下各农艺性状间的方差分析

Tab. 2-5　Analysis of variance between agronomic traits in two environment

	分枝数	株高	鲜重	节间长	茎粗
均方	278.24**	330.04*	674.77*	287.36*	21.64**
与环境互作均方	2 065.86**	434.31*	677.58*	206.209**	13.3*
误差均方	374.35**	28.1*	26.64*	7.59	0.21
遗传力	0.202	0.603	0.67	0.72	0.76

表2-6　2个环境下各农艺性状间的方差分析

Tab. 2-6　Analysis of variance between agronomic traits in two environment

	主茎节数	茎叶比	叶型	茎色	开花
组间均方	86.14*	2.043	79.018*	19.25**	31.9*
组内均方	2.5*	0.19	0.333*	0.935**	0.32*
遗传力	0.92	0.93	0.98	0.87	0.97

2.4 本章小结

苜蓿杂交F_1群体的分枝数、产量、株高、茎粗及节间长等8个目标性状在2个试验点的测定结果存在很大差异，表明气候和土壤等环境因素对产量及产量构成因素有较大影响。在通州地区测定的5项指标包括鲜重/单株、分枝数、节间长、茎粗和株高的频率分布与标准正态分布曲线基本重合，表明干重等5项指标均服从正态分布。在廊坊地区测定的8项指标包括干重/单株、鲜重/单株、分枝数、主茎节数、茎粗、节间长、株高和茎叶比的频率分布与标准正态分布曲线基本重合，表明干重等8项指标均服从正态分布。

相关分析结果表明，在通州、廊坊2个环境条件下，分枝数与鲜重、干重呈极显著的正相关且相关系数最大，其次是株高与鲜重、干重间相关性也较强。同时，茎粗与各性状间呈极显著正相关，且均与株高的相关性最强。苜蓿产量的构成因子主要包括分枝数、株高、节间长及茎粗，这些性状的表型值增加可有效提高苜蓿育种进程。

遗传分析结果表明，目标性状的遗传力差异较大，变化范围是20%～98%。其中，茎色、叶型、茎叶比、主茎节数的遗传力均在90%以上。分枝数、产量、株高、茎粗、节间长等性状的遗传力较小，其中产量的遗传力为67%，株高的遗传力60.3%，分枝数最小仅为20%。分枝数、产量、节间长、茎粗、株高5个性状与环境均存在显著的互作作用（$P<0.05$），分枝数、产量受环境的影响较大，其次是株高、节间长、茎粗。

3 紫花苜蓿作图群体农艺性状主-多基因混合遗传分析

3.1 引言

栽培苜蓿是同源四倍体，这导致其连锁分析和数量性状基因检测更加复杂。主-多基因分析能够综合考虑多基因效应及其相互作用，同时EM算法和IECM算法也能保证相关计算的准确性。研究主-多基因模型需要建立分离世代的遗传模型，同时估计似然函数的有效性。本研究将主-多基因混合遗传模型分离分析法与QTL定位相结合，从宏观和微观两个角度分析苜蓿的产量、分枝数和茎叶比等重要性状。遗传分析与分子标记定位的结果相互印证，可以进一步明确是否存在主效基因及其位置和效应大小。

3.2 材料与方法

3.2.1 试验材料与设计

试验材料与设计的详细内容见第1章2.2.2部分。

3.2.2 测定项目与方法

测定项目与方法的详细内容见第2章2.2.3部分。

3.2.3 数据分析

利用主-多基因模型分析法进行最适遗传模型分析，根据章元明和盖钧镒等（2003）提出的主-多基因模型分析法，对农艺性状数据进行分析。将数据导入Excel2003，利用SEA（曹锡文等，2014）27软件包进行主-多基因模型分析，对11个候选遗传模型进行分析：0对主基因（0MG）、1对主基因加性-显性-上位性（1MG-AD）、1对主基因加性（1MG-A）、1对主基因完全显性（1MG-EAD）、1对主基因负向显性（1MG-AEND）、2对主基因加性-显性-上位性（2MG-ADI）、2对主基因加性-显性（2MG-AD）、2对主基因加性（2MG-A）、2对主基因等加性（2MG-EA）、2对主基因完全显性（2MG-AED）、2对主基因等显性（2MG-EEAD）。通过AIC（Akaike’s informationcriterion）准则对不同候选模型进行筛选，以AIC最小或较小者为候选模型，进一步通过适合性检验，即U_1^2、U_2^2、U_3^2、nW^2和D_n检验确定最适遗传模型。

3.3 结果与分析

3.3.1 干重的主-多遗传模型分析

3.3.1.1 适宜遗传模型筛选

利用植物数量性状主基因+多基因混合遗传模型分析方法对F_1代杂交群体表型性状进行联合分析，通过极大似然法和IECM算法估算杂交后代的遗传规律。11种模型的极大对数似然函数值和AIC值及遗传率列于表3-1和表3-2。根据模型选取AIC最小准则，选取AIC值最小值与次小值作为备选模型。对备选模型进行一组（U_1^2、U_2^2、U_3^2、nW^2、D_n）适合性检验后，选取AIC值最小或者较小，检验统计量达到显著水平最少的遗传模型为最优遗传模型，结果见表3-3和表3-4。

2014年试验结果表明，2MG-ADI和2MG-AD为最适遗传模型，通过适合性检验表明，2MG-A和2MG-ADI在U_1^2、U_2^2等5个指标上均未达到显著水平。2015年试验结果表明，0MG和2MG-EA为最适遗传模型，通过

适合性检验表明，2MG–AD在U_1^2、U_2^2等5个指标上未达到显著水平。同时根据2年试验结果可知，没有一种模型在2年试验结果中都能获得最小AIC值，最适遗传模型还需根据进一步的遗传参数估计才能进行判断。

表3–1　2014年干重不同遗传模型AIC值及适合性检验结果

Tab. 3–1　AIC values and suitability test results of different genetic models of dry weight in 2014

模型	AIC	U_1^2	U_2^2	U_3^2	nW^2	D_n
0MG	1 255.245	0.622 8	0.946 9	0.029 9	0.104 2	1
1MG–AD	1 253.656	0.913 9	0.539 9	0.042 0	0.211 0	1
1MG–A	1 257.252	0.620 6	0.956 7	0.032 9	0.107 8	1
1MG–EAD	1 253.656	0.913 9	0.539 9	0.042 0	0.211 0	1
1MG–AEND	1 253.656	0.913 9	0.539 9	0.042 0	0.211 0	1
2MG–ADI	1 203.711	0.998 4	0.972 4	0.896 3	0.995 4	1
2MG–AD	1 240.065	0.997 5	0.837 3	0.418 2	0.746 4	1
2MG–A	1 259.253	0.622 6	0.954 5	0.032 8	0.108 0	1
2MG–EA	1 257.256	0.620 7	0.956 7	0.032 8	0.107 7	1
2MG–AED	1 253.658	0.914 0	0.539 9	0.042 0	0.211 0	1
2MG–EEAD	1 255.961	0.776 3	0.785 8	0.028 7	0.137 1	1

注：MG，主基因；A，加性效应；D，显性效应；I，上位性效应；E，相等；U_1^2、U_2^2、U_3^2、nW^2、D_n分别指均匀性U_1^2、U_2^2、U_3^2检验，Smimov检验和Kolmogorov检验。下同

Note：MG，major gene model；A，additive effect；D，dominance effect；I，epistatic interaction；E，equal. U_1^2、U_2^2、U_3^2、nW^2、D_n represent the uniform test U_1^2、U_2^2、U_3^2，Smimov test and Kolmogorov test. The same below

表3–2　2015年干重不同遗传模型AIC值及适合性检验结果

Tab. 3–2　AIC values and suitability test results of different genetic models of dry weight in 2015

模型	AIC	U_1^2	U_2^2	U_3^2	nW^2	D_n
0MG	1 673.493	0.973 8	0.981 0	0.824 2	0.673 1	1

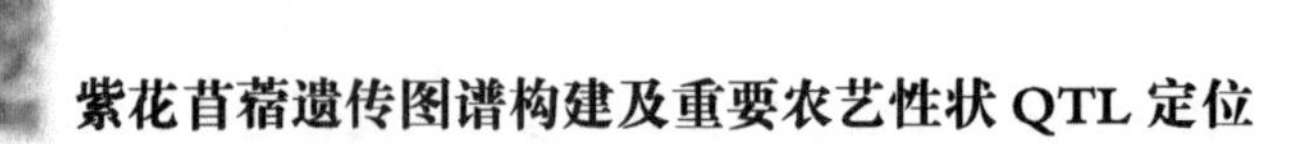

（续表）

模型	AIC	U_1^2	U_2^2	U_3^2	nW^2	D_n
1MG-AD	1 677.375	0.949 7	0.983 9	0.870 3	0.645 9	1
1MG-A	1 675.501	0.973 1	0.991 3	0.861 7	0.674 5	1
1MG-EAD	1 677.496	0.973 6	0.991 3	0.863 2	0.675 2	1
1MG-AEND	1 677.496	0.973 6	0.991 3	0.863 2	0.675 2	1
2MG-ADI	1 688.302	0.826 4	0.808 3	0.903 7	0.513 2	1
2MG-AD	1 681.289	0.931 1	0.964 6	0.875 3	0.621 5	1
2MG-A	1 677.505	0.977 5	0.986 9	0.861 2	0.675 6	1
2MG-EA	1 675.497	0.973 0	0.991 6	0.862 4	0.674 5	1
2MG-AED	1 677.498	0.973 7	0.991 1	0.863 2	0.675 3	1
2MG-EEAD	1 675.498	0.973 7	0.991 1	0.863 2	0.675 4	1

3.3.1.2　不同遗传模型的遗传参数估计

根据不同遗传模型的极大似然估计值，确定不同遗传模型的遗传参数。从表3-3和表3-4可知，不同年份试验结果的遗传参数并无一致性。2014年2MG-ADI和2MG-AD的主基因遗传率分别为95.9%和70.35%，因此2MG-ADI为最适遗传模型。该模型的第1对主基因加性作用参数为22.147 8，第1对主基因的显性效应参数为-11.597 6。第2对主基因的加性作用参数为15.080 4，第2对主基因的显性作用参数为-0.036 1。2015年0MG和2MG-EA的主基因遗传率分别为0.00%和5.88%，因此2MG-EA为最适遗传模型。该模型的第1对主基因加性作用参数为13.961 7，不存在显性效应。因此2年试验结果的最适遗传模型和遗传参数存在一定的差异，但2年数据分析结果都显示干重受2对主基因控制。

表3–3 2014年干重的遗传参数估计

Tab. 3–3 Estimates of genetic parameters of dry weight in 2014

模型	M	da	db	ha	hb	i	jab	jba	l	Major–Gene Var	Heritability（Major–Gene）
0MG											
1MG–AD	26.725 0	11.632 7		11.632						90.114 0	0.385 2
1MG–A	33.561 5	3.626 7								8.125 1	0.034 7
1MG–EAD	26.724 7	11.632 4								90.114 1	0.385 2
1MG–AEND	26.724 7	−11.632 4								90.114 1	0.385 2
2MG–ADI	36.617 1	22.147 8	15.080 4	−11.597 6	−0.036 1	0.618 6	−7.229 5	2.966 0	9.589 8	224.332 3	0.958 9
2MG–AD	28.646 6	13.881 3	12.055 3	10.282 3	−7.428 1					164.599 6	0.703 5
2MG–A	33.198 7	3.291 9	0.9627 0							8.425 8	0.036 0
2MG–EA	33.561 3	3.295 8								12.408 8	0.053 0
2MG–AED	26.463 3	11.631 8	0.524 0							90.314 7	0.386 0
2MG–EEAD	26.784 0	6.672 6								69.263 5	0.296 1

注：第1对主基因的加性效应；ha，第1对主基因的显性效应；db，第2对主基因的加性效应；hb，第2对主基因的显性效应；i，加性×加性互作；jab，加性×显性互作；jba，显性加性互作；l，显性与显性互作；Major–Gene Var 主基因方差；Heritability（Major–Gene）主基因遗传率。下同

Note：additive effect of the first major gene；ha，dominant effect of the first major gene；db：additive effect of the second major gene；hb：dominant effect of the second major gene；i：epistatic effect value between da and db；jab：epistatic effect value between da and hb；jba：epistatic effect value between ha and db；l：epistatic effect value between ha and hb；Major–Gene Var，major gene variance；Heritability，heritability of major gene. The same below

表3–4　2015年干重不同遗传模型AIC值及适合性检验结果

Tab. 3–4　AIC values and suitability test results of different genetic models of dry weight in 2015

模型	M	da	db	ha	hb	i	jab	jba	l	Major–Gene Var	Heritability（Major–Gene）
0MG											
1MG–AD	164.367 9	21.146 4		−18.747 3						335.603 8	0.089 9
1MG–A	154.970 0	18.648 4								198.577 8	0.053 2
1MG–EAD	151.906 5	6.119 5								52.809 3	0.014 1
1MG–AEND	151.906 5	−6.119 5								52.809 3	0.014 1
2MG–ADI	171.520 8	26.401 3	24.166 0	−34.379 4	−22.465 2	21.669 3	−22.708 4	−9.920 4	35.827 4	521.226 8	0.139 6
2MG–AD	173.441 8	19.010 9	22.190 8	−26.675 2	−15.477 7					603.633 7	0.161 7
2MG–A	153.031 2	17.690 9	8.269 3							234.925 8	0.062 9
2MG–EA	154.968 7	13.961 7								219.623 1	0.058 8
2MG–AED	149.860 9	5.462 6	4.748 3							64.008 8	0.017 1
2MG–EEAD	149.795 5	5.170 8								64.825 7	0.017 4

3.3.2 分枝数的主–多遗传模型分析

3.3.2.1 适宜遗传模型筛选

根据最适遗传模型筛选原则，筛选出AIC值最小者和较小者，2014年筛选出2MG–ADI和2MG–AD2个最适遗传模型（表3–5）。并对候选模型进行适合性检验，结果显示，2个模型的各个检验均未达到显著水平。另外，这2个模型都具有2对主效基因，同时适合性检验结果类似。因此2MG–ADI和2MG–AD都可作为候选遗传模型。

表3–5 2014年分枝数不同遗传模型AIC值及适合性检验结果

Tab. 3–5 AIC values and suitability test results of different genetic models of branch number in 2014

模型	AIC	U_1^2	U_2^2	U_3^2	nW^2	D_n
0MG	1 097.986	0.610 7	0.913 3	0.124 5	0.203 1	1
1MG–AD	1 095.371	0.920 1	0.669 7	0.187 5	0.375 6	1
1MG–A	1 099.996	0.608 8	0.903 4	0.134 5	0.208 0	1
1MG–EAD	1 095.371	0.920 1	0.669 7	0.187 5	0.375 6	1
1MG–AEND	1 095.371	0.920 1	0.669 7	0.187 5	0.375 6	1
2MG–ADI	1 069.736	0.983 5	0.979 8	0.983 0	0.989 5	1
2MG–AD	1 084.851	0.982 3	0.921 0	0.756 0	0.884 7	1
2MG–A	1 101.997	0.612 9	0.908 1	0.134 2	0.209 1	1
2MG–EA	1 099.992	0.608 8	0.903 3	0.134 6	0.208 1	1
2MG–AED	1 095.375	0.920 1	0.669 7	0.187 5	0.375 5	1
2MG–EEAD	1 097.428	0.829 7	0.858 6	0.122 1	0.279 4	1

2015年筛选出0MG和2MG–EEAD2个最适遗传模型（表3–6）。并对候选模型进行适合性检验，结果显示，2个模型的多个检验均未达到显著水平。综合2年的试验结果，2015年的2MG–EEAD模型和2014年2个模型，都具有2对主效基因，同时适合性检验结果类似。因此，2MG–EEAD模型可作为2015年的候选遗传模型。

表3-6　2015年分枝数不同遗传模型AIC值及适合性检验结果

Tab. 3-6　AIC values and suitability test results of different genetic models of branch number in 2015

模型	AIC	U_1^2	U_2^2	U_3^2	nW^2	D_n
0MG	1 477.322	0.810 3	0.934 8	0.546 8	0.735 3	1
1MG-AD	1 480.596	0.969 3	0.907 4	0.539 0	0.876 0	1
1MG-A	1 479.330	0.809 1	0.924 6	0.577 4	0.742 4	1
1MG-EAD	1 480.596	0.969 1	0.907 6	0.539 0	0.875 9	1
1MG-AEND	1 480.596	0.969 1	0.907 6	0.539 0	0.875 9	1
2MG-ADI	1 492.213	0.969 7	0.955 1	0.709 8	0.923 7	1
2MG-AD	1 484.596	0.969 5	0.907 2	0.538 9	0.876 0	1
2MG-A	1 481.334	0.814 6	0.930 3	0.576 7	0.745 1	1
2MG-EA	1 479.326	0.809 1	0.924 4	0.578 0	0.742 6	1
2MG-AED	1 480.604	0.971 8	0.904 8	0.538 3	0.876 8	1
2MG-EEAD	1 478.853	0.907 8	0.969 6	0.548 0	0.832 8	1

3.3.2.2　不同遗传模型的遗传参数估计

2014年试验结果表明，2MG-ADI和2MG-AD模型的主基因遗传率都达到70%以上，但是2015年结果2MG-EEAD模型的主基因遗传率仅为25%，可知不同年份试验结果的遗传参数并不一致性（表3-7、表3-8）。2014年2MG-ADI模型的第1对主基因加性作用参数为11.914，第1对主基因的显性效应参数为-5.370 8，为负效应。第2对主基因的加性作用参数为7.506 4，第2对主基因的显性作用参数为0.876，为正效应。2015年中的2MG-EEAD为最适遗传模型，该模型的第1对主基因加性作用参数为13.081 5，不存在显性效应。因此2年试验结果的最适遗传模型和遗传参数存在一定的差异，但2年数据分析结果都显示干重受2对主基因控制。

表3–7　2014年分枝数的遗传参数估计

Tab. 3–7　Estimates of genetic parameters for branch number in 2014

模型	M	da	db	ha	hb	i	jab	jba	l	Major–Gene Var	Heritability（Major–Gene）
0MG											
1MG–AD	15.574 4	7.079 0		7.073 3						33.739 9	0.408 6
1MG–A	19.681 5	2.662 2								4.089 9	0.049 5
1MG–EAD	15.572 5	7.077 1								33.740 0	0.408 6
1MG–AEND	15.572 5	−7.077 1								33.740 0	0.408 6
2MG–ADI	20.531 4	11.91 4	7.506 4	−5.370 8	0.876 0	−0.782 2	−3.921 1	2.652 5	4.391 4	76.596 9	0.927 6
2MG–AD	16.425 4	8.129 4	6.939 1	6.021 7	−4.228 3					60.549 0	0.733 3
2MG–A	19.409 0	2.485 5	0.973 6							4.572 4	0.055 4
2MG–EA	19.681 8	2.073 6								4.845 8	0.058 7
2MG–AED	15.377 5	7.076 6	0.391 1							33.852 3	0.410 0
2MG–EEAD	15.149 0	4.460 6								31.181 6	0.377 6

表3-8　2015年分枝数不同遗传模型AIC值及适合性检验结果

Tab. 3-8　AIC values and suitability test results of different genetic models of branch number in 2015

模型	M	da	db	ha	hb	i	jab	jba	l	Major-Gene Var	Heritability（Major-Gene）
0MG											
1MG-AD	91.333 9	19.010 4		18.670 8						271.645 2	0.266 8
1MG-A	100.822 0	9.738 9								54.158 7	0.053 2
1MG-EAD	91.224 8	18.889 5								271.415 4	0.266 6
1MG-AEND	91.224 8	−18.889 5								271.415 4	0.266 6
2MG-ADI	93.303 8	17.052 0	12.324 3	3.080 0	6.760 0	−10.564 3	−6.877 4	−1.734 6	2.023 6	197.061 6	0.193 5
2MG-AD	90.173 7	17.756 0	5.894 7	12.647 4	3.411 3					276.187 2	0.271 2
2MG-A	99.779 6	9.529 3	4.519 5							67.909 3	0.066 7
2MG-EA	100.822 8	7.292 7								59.919 0	0.058 8
2MG-AED	89.336 8	18.946 4	3.715 3							283.375 9	0.278 3
2MG-EEAD	87.683 1	13.081 5								263.941 9	0.259 2

3.3.3 株高的主–多遗传模型分析

3.3.3.1 适宜遗传模型筛选

利用主–多基因分析法对F_1代2年的株高数据进行基因联合分析，通过极大似然法和IECM算法估算AIC值。根据最适遗传模型筛选原则和AIC值最小原则，筛选出AIC值最小者和较小者2个最适遗传模型（表3–9和表3–10）。

2014年试验结果表明，2MG–ADI和2MG–AED为最适遗传模型，通过适合性检验表明，2个模型在U_1^2、U_2^2等5个指标上均未达到显著水平。根据AIC值和适合性检验综合考虑，MG–ADI和2MG–AED都可作为最适遗传模型。2015年试验结果表明，2MG–AED和2MG–EEAD为最适遗传模型，2个模型在U_1^2、U_2^2等5个指标上均未达到显著水平。根据AIC值和适合性检验综合考虑，2MG–AED和2MG–EEAD都可作为最适遗传模型。

同时根据2年试验结果可知，模型2MG–AED在2年试验结果中AIC值较小和最小。但是最适遗传模型还需根据进一步的遗传参数估计才能进行判断。

表3–9 2014年株高不同遗传模型AIC值及适合性检验结果

Tab. 3–9 AIC values and suitability test results of different genetic models of plant height in 2014

模型	AIC	U_1^2	U_2^2	U_3^2	nW^2	D_n
0MG	1 339.741	0.030 2	0.364 9	0	0	0.180 5
1MG–AD	1 162.282	0.760 9	0.623 5	0.432 5	0.819 4	1
1MG–A	1 341.744	0.029 3	0.355 3	0	0	0.187 6
1MG–EAD	1 162.282	0.760 9	0.623 5	0.432 5	0.819 4	1
1MG–AEND	1 162.282	0.760 9	0.623 5	0.432 5	0.819 4	1
2MG–ADI	1 149.645	0.983 7	0.998 5	0.931 2	0.998 4	1
2MG–AD	1 166.281	0.761 0	0.623 6	0.432 5	0.819 5	1
2MG–A	1 343.745	0.029 4	0.355 7	0	0	0.187 5
2MG–EA	1 341.747	0.029 3	0.355 4	0	0	0.187 6
2MG–AED	1 153.561	0.983 9	0.928 3	0.661 3	0.961 6	1
2MG–EEAD	1 175.698	0.654 2	0.606 5	0.745 0	0.799 5	1

表3-10　2015年株高不同遗传模型AIC值及适合性检验结果

Tab. 3-10　AIC values and suitability test results of different genetic models of plant height in 2015

模型	AIC	U_1^2	U_2^2	U_3^2	nW^2	D_n
0MG	1 175.931	0.541 0	0.683 7	0.460 3	0.451 8	1
1MG-AD	1 175.150	0.824 4	0.975 6	0.461 1	0.944 9	1
1MG-A	1 177.939	0.539 0	0.672 8	0.490 2	0.455 9	1
1MG-EAD	1 175.150	0.824 4	0.975 7	0.461 1	0.944 9	1
1MG-AEND	1 175.150	0.824 4	0.975 7	0.461 1	0.944 9	1
2MG-ADI	1 182.305	0.898 8	0.858 5	0.825 6	0.962 3	1
2MG-AD	1 177.433	0.915 5	0.896 1	0.350 9	0.933 5	1
2MG-A	1 179.939	0.541 1	0.675 1	0.489 8	0.457 8	1
2MG-EA	1 177.942	0.539 0	0.672 9	0.490 0	0.455 9	1
2MG-AED	1 173.433	0.915 5	0.896 2	0.350 9	0.933 5	1
2MG-EEAD	1 171.432	0.915 3	0.896 3	0.350 8	0.933 3	1

3.3.3.2　不同遗传模型的遗传参数估计

从表3-11和表3-12可知，在同一年份不同模型的遗传参数具有一致性。2014年，2MG-ADI和2MG-AED的主基因遗传率分别为97.6%和90.7%，因此2MG-ADI为最适遗传模型。该模型的第1对主基因加性作用参数为23.414，第1对主基因的显性效应参数为-1.172 6，为负效应。第2对主基因的加性作用参数为15.250 2，第2对主基因的显性作用参数为8.872 9，为正效应。2015年2MG-AED和2MG-EEAD的主基因遗传率均为57.25%。综合第1年的结果，2MG-AED为最适遗传模型。该模型的第1对主基因加性作用参数为7.460 4，第1对主基因的显性效应参数为7.256 7。因此，2年试验结果的最适遗传模型存在一定的相似点，2MG-AED都作为候选或最适遗传模型，都显示株高受2对主基因控制。

表3-11　2014年株高的遗传参数估计

Tab. 3-11　Estimates of genetic parameters of plant height in 2014

模型	M	da	db	ha	hb	i	jab	jba	l	Major-Gene Var	Heritability（Major-Gene）
0MG											
1MG-AD	31.827 5	31.823 1		31.816 7						343.454 7	0.838 9
1MG-A	57.743 9	3.210 5								7.864 4	0.019 2
1MG-EAD	31.825 4	31.821 0								343.454 6	0.838 9
1MG-AEND	31.825 4	−31.821 0								343.454 6	0.838 9
2MG-ADI	51.301 8	23.414 0	15.250 2	−1.172 6	8.872 9	−12.637 7	−11.485 2	1.045 1	4.450 7	399.574 9	0.976 0
2MG-AD	30.065 1	29.629 7	5.405 8	21.937 9	5.173 1					343.577 8	0.839 2
2MG-A	57.423 4	2.891 7	0.556 3							7.959 6	0.019 4
2MG-EA	57.743 5	2.952 1								11.424 6	0.027 9
2MG-AED	27.503 5	33.130 5	6.250 3							371.361 6	0.907 1
2MG-EEAD	34.698 9	15.286 7								349.462 0	0.853 6

表3-12　2015年株高不同遗传模型AIC值及适合性检验结果

Tab. 3-12　AIC values and suitability test results of differentgenetic models of plant height in 2015

模型	M	da	db	ha	hb	i	jab	jba	l	Major-Gene Var	Heritability（Major-Gene）
0MG											
1MG-AD	73.639 1	8.575 3		8.567 4						52.945 8	0.382 7
1MG-A	78.267 9	2.878 4								5.058 3	0.036 6
1MG-EAD	73.636 3	8.572 9								52.94 8	0.382 7
1MG-AEND	73.636 3	−8.572 9								52.94 8	0.382 7
2MG-ADI	73.713 8	7.438 3	6.694 4	3.420 5	3.332 5	−6.652 5	−3.326 5	−2.788 4	0.455 7	47.053 1	0.340 1
2MG-AD	70.079 0	6.944 1	8.416 3	5.143 8	8.415 6					79.219 4	0.572 5
2MG-A	77.976 7	2.645 0	0.812 7							5.369 3	0.038 8
2MG-EA	78.267 5	2.633 6								7.850 1	0.056 7
2MG-AED	70.464 6	7.460 4	7.256 7							79.218 5	0.572 5
2MG-EEAD	70.465 3	7.358 2								79.207 9	0.572 5

3.3.4 茎粗的主–多遗传模型分析

3.3.4.1 适宜遗传模型筛选

根据最适遗传模型筛选原则和AIC值最小原则，筛选出AIC值最小者和较小者2个最适遗传模型（表3–13、表3–14）。2014年试验结果表明，2MG–ADI和1MG–AD（1MG–EAD或1MG–AEND）为最适遗传模型，通过适合性检验表明，1MG–A在U_3^2和nW^2指标上达到显著水平，而2MG–ADI在U_1^2、U_2^2等5个指标上均未达到显著水平。根据AIC值和适合性检验综合考虑，2MG–ADI可作为最适遗传模型。2015年试验结果表明，0MG和2MG–ADI为最适遗传模型，通过适合性检验表明，0MG在U_3^2和nW^2指标上达到显著水平，而2MG–ADI在U_1^2、U_2^2等5个指标上均未达到显著水平。根据AIC值和适合性检验综合考虑，2MG–ADI都可作为最适遗传模型。同时根据2年试验结果可知，模型2MG–ADI在2年试验结果中都是AIC值最小。

表3–13 2014年茎粗不同遗传模型AIC值及适合性检验结果

Tab. 3–13 AIC values and suitability test results of different genetic models of stem diameter in 2014

模型	AIC	U_1^2	U_2^2	U_3^2	nW^2	D_n
0MG	428.453 5	0.041 8	0.555 2	0	0.000 1	1
1MG–AD	253.619 8	0.668 0	0.507 2	0.321 4	0.757 3	1
1MG–A	430.456 9	0.040 8	0.544 3	0	0.000 1	1
1MG–EAD	253.619 8	0.668 0	0.507 2	0.321 4	0.757 3	1
1MG–AEND	253.619 8	0.668 0	0.507 2	0.321 4	0.757 3	1
2MG–ADI	237.171 9	0.987 4	0.977 4	0.958 4	0.982 7	1
2MG–AD	255.384 3	0.723 9	0.539 9	0.278 4	0.778 3	1
2MG–A	432.457 0	0.040 8	0.544 7	0	0.000 1	1
2MG–EA	430.458 7	0.040 8	0.544 3	0	0.000 1	1
2MG–AED	253.622 0	0.668 0	0.507 2	0.321 4	0.757 3	1
2MG–EEAD	262.105 7	0.432 7	0.233 6	0.084 5	0.301 1	1

2014年试验结果表明，2MG–ADI和2MG–AED为最适遗传模型，通过适合性检验表明，2个模型在U_1^2、U_2^2等5个指标上均未达到显著水平。根据AIC值和适合性检验综合考虑，MG–ADI和2MG–AED都可作为最适遗

传模型。2015年试验结果表明，2MG-AED和2MG-EEAD为最适遗传模型，2个模型在U_1^2、U_2^2等5个指标上均未达到显著水平。根据AIC值和适合性检验综合考虑，2MG-AED和2MG-EEAD都可作为最适遗传模型。

同时根据2年试验结果可知，模型2MG-AED在2年试验结果中AIC值较小和最小。但是最适遗传模型还需根据进一步的遗传参数估计才能进行判断。

表3-14　2015年茎粗不同遗传模型AIC值及适合性检验结果

Tab. 3-14　AIC values and suitability test results of different genetic models of stem diameter in 2015

模型	AIC	U_1^2	U_2^2	U_3^2	nW^2	D_n
0MG	250.587 6	0.357 5	0.893 7	0.002 4	0.064 4	0.996 4
1MG-AD	253.647 1	0.379 6	0.919 5	0.002 7	0.073 6	0.998 1
1MG-A	252.588 3	0.355 4	0.882 0	0.002 8	0.066 8	0.99 7
1MG-EAD	253.647 1	0.379 6	0.919 5	0.002 7	0.073 6	0.998 1
1MG-AEND	253.647 1	0.379 6	0.919 5	0.002 7	0.073 6	0.998 1
2MG-ADI	216.196 1	0.539 4	0.619 7	0.695 5	0.495 5	1
2MG-AD	256.815 1	0.398 8	0.948 8	0.002 6	0.078 8	0.998 7
2MG-A	254.588 4	0.355 6	0.882 3	0.002 8	0.066 8	0.997 0
2MG-EA	252.589 4	0.355 4	0.882 0	0.002 8	0.066 8	0.997 0
2MG-AED	252.815 1	0.398 8	0.948 8	0.002 6	0.078 8	0.998 7
2MG-EEAD	250.815 1	0.398 8	0.948 8	0.002 6	0.078 8	0.998 7

3.3.4.2　不同遗传模型的遗传参数估计

根据AIC值和适合性检验得到2年茎粗的最适遗传模型均为2MG-ADI（表3-15、表3-16）。2014年，模型2MG-ADI的主基因遗传率分别为93.24%，第1对主基因加性作用参数为1.302 5，第1对主基因的显性效应参数为-0.263 3。第2对主基因的加性作用参数为1.028 2，第2对主基因的显性作用参数为0.340 2。2015年2MG-ADI的主基因遗传率分别为34.32%，该模型的第1对主基因加性作用参数为0.9869，第1对主基因的显性效应参数为0.487 8。第2对主基因的加性作用参数为0.981 1，第2对主基因的显性作用参数为0.974 3。因此2年试验结果的最适遗传模型具有一致性，都显示茎粗受2对主基因控制。

表3-15　2014年茎粗的遗传参数估计

Tab. 3-15　Estimates of genetic parameters of stem diameter in 2014

模型	M	da	db	ha	hb	i	jab	jba	l	Major-Gene Var	Heritability（Major-Gene）
0MG											
1MG-AD	1.554 3	1.554 3		1.554 0						0.8193	0.836 1
1MG-A	2.820 2	0.153 0								0.018 2	0.018 6
1MG-EAD	1.554 2	1.554 2								0.819 3	0.836 1
1MG-AEND	1.554 2	−1.554 2								0.819 3	0.836 1
2MG-ADI	2.705 7	1.302 5	1.028 2	−0.263 3	0.340 2	−0.375 0	−0.975 8	−0.166 2	0.302 3	0.913 7	0.932 4
2MG-AD	1.651 4	1.551 1	0.387 9	0.809 9	0.129 1					0.854 5	0.872 0
2MG-A	2.804 9	0.137 8	0.026 4							0.018 4	0.018 8
2MG-EA	2.820 2	0.138 9								0.025 8	0.026 3
2MG-AED	1.547 4	1.554 2	0.013 7							0.819 4	0.836 2
2MG-EEAD	1.636 7	0.754 7								0.813 7	0.830 4

表3-16　2015年茎粗不同遗传模型AIC值及适合性检验结果

Tab. 3-16　AIC values and suitability test results of different genetic models of stem diameter in 2015

模型	M	da	db	ha	hb	i	jab	jba	l	Major-Gene Var	Heritability（Major-Gene）
0MG											
1MG-AD	3.802 8	0.189 9		0.189 9						0.028 3	0.093 8
1MG-A	3.901 5	0.052 6								0.003 4	0.011 2
1MG-EAD	3.802 8	0.189 9								0.028 3	0.093 8
1MG-AEND	3.802 8	−0.189 9								0.028 3	0.093 8
2MG-ADI	2.947 7	0.986 9	0.981 1	0.487 8	0.974 3	−0.979 7	−0.974 2	−0.485 0	−0.480 4	0.103 5	0.343 2
2MG-AD	3.703 4	0.169 6	0.210 0	0.125 6	0.210 0					0.050 5	0.167 5
2MG-A	3.896 3	0.047 4	0.008 6							0.003 4	0.011 3
2MG-EA	3.901 5	0.047 0								0.004 2	0.013 9
2MG-AED	3.712 9	0.182 1	0.181 9							0.050 5	0.167 5
2MG-EEAD	3.712 9	0.182 0								0.050 5	0.167 5

3.3.5 茎叶比的主–多遗传模型分析

3.3.5.1 适宜遗传模型筛选

根据最适遗传模型筛选原则，筛选出AIC值最小者和较小者，2014年筛选出2MG–AD和2MG–ADI 2个最适遗传模型（表3–17）。并对候选模型进行适合性检验，结果显示，2个模型在U_1^2、U_2^2等5个指标上均未达到显著水平。这2个模型都具有2对主效基因，同时适合性检验结果类似。因此2MG–AD和2MG–ADI都可作为候选遗传模型。2015年筛选出0MG和2MG–ADI 2个最适遗传模型（表3–18）。并对候选模型进行适合性检验，结果显示0MG的U_2^2、U_3^2和nW^2检验达到显著水平，其他检验未达到显著水平。而2MG–A的U_3^2检验达到显著水平。考虑到2MG–ADI为2014年的候选遗传模型，并根据AIC值最小原则，因此2MG–ADI可作为2015年候选遗传模型。2年试验结果具有一致性，茎叶比数据由2对主效基因控制，并且2年结果具有相同的遗传模型。

表3–17　2014年茎叶比不同遗传模型AIC值及适合性检验结果

Tab. 3–17　AIC values and suitability test results of different genetic models of stem–to–leaf ratio in 2014

模型	AIC	U_1^2	U_2^2	U_3^2	nW^2	D_n
0MG	62.652 4	0.228 0	0.809 0	0.000 2	0.000 7	1
1MG–AD	−0.651 6	0.560 2	0.341 6	0.121 7	0.243 8	1
1MG–A	64.657 3	0.225 4	0.798 2	0.000 2	0.000 7	1
1MG–EAD	−0.651 6	0.560 2	0.341 6	0.121 7	0.243 8	1
1MG–AEND	−0.651 6	0.560 2	0.341 6	0.121 7	0.243 8	1
2MG–ADI	−26.176 2	0.972 0	0.988 5	0.937 6	0.931 2	1
2MG–AD	−30.962 0	0.801 1	0.833 5	0.892 9	0.626 7	1
2MG–A	66.657 5	0.226 0	0.799 4	0.000 2	0.000 7	1
2MG–EA	64.659 9	0.225 5	0.798 3	0.000 2	0.000 7	1
2MG–AED	−0.648 9	0.560 1	0.341 6	0.121 7	0.243 8	1
2MG–EEAD	46.404 0	0.801 4	0.474 0	0.000 1	0.003 9	1

表3-18　2015年茎叶比不同遗传模型AIC值及适合性检验结果

Tab. 3-18　AIC values and suitability test results of different genetic models of stem-to-leaf ratio in 2015

模型	AIC	U_1^2	U_2^2	U_3^2	nW^2	D_n
0MG	29.155 7	0.360 2	0.046 4	0	0.004 3	1
1MG-AD	32.428 6	0.380 3	0.051 2	0	0.004 9	1
1MG-A	31.156 4	0.357 9	0.046 9	0	0.004 6	1
1MG-EAD	33.154 1	0.357 9	0.046 9	0	0.004 6	1
1MG-AEND	33.154 1	0.357 9	0.046 9	0	0.004 6	1
2MG-ADI	−1.570 3	0.539 5	0.224 5	0.013 1	0.087 6	1
2MG-AD	35.825 5	0.397 1	0.054 4	0	0.005 2	1
2MG-A	33.156 3	0.357 3	0.046 8	0	0.004 6	1
2MG-EA	31.157 6	0.357 9	0.046 9	0	0.004 6	1
2MG-AED	33.154 4	0.357 9	0.046 9	0	0.004 6	1
2MG-EEAD	31.154 4	0.357 9	0.046 9	0	0.004 6	1

3.3.5.2　不同遗传模型的遗传参数估计

从表3-19和表3-20可知不同年份试验结果的遗传参数具有一致性。2015年2MG-AD和2MG-ADI的主基因遗传率分别为68.89%和71.61%，因此2MG-ADI为最适遗传模型。该模型的第1对主基因加性作用参数为0.373 5，第1对主基因的显性效应参数为−0.087 8，为负效应。第2对主基因的加性作用参数为0.305 9，第2对主基因的显性作用参数为0.089 6。2016年2MG-ADI的主基因遗传率为32.68%。该模型的第1对主基因加性作用参数为0.460 3，第1对主基因的显性效应参数为−0.690 3，为负效应。第2对主基因的加性作用参数为0.460 1，第2对主基因的显性作用参数为−0.46。因此，2年试验结果的遗传参数存在一致性，2年茎叶比的主基因的遗传率分别为71.61%和32.68%，都显示茎叶比受2对主基因控制。

表3-19 2014年茎叶比的遗传参数估计

Tab. 3-19 Estimates of genetic parameters of stem-to-leaf ratio in 2014

模型	M	da	db	ha	hb	i	jab	jba	l	Major-Gene Var	Heritability（Major-Gene）
0MG											
1MG-AD	0.419 6	0.401 8		0.401 0						0.056 7	0.419 6
1MG-A	0.743 4	0.056 2								0.002 2	0.743 4
1MG-EAD	0.419 3	0.401 5								0.056 7	0.419 3
1MG-AEND	0.419 3	−0.401 5								0.056 7	0.419 3
2MG-ADI	0.716 1	0.373 5	0.305 9	−0.087 8	0.089 6	−0.0367	−0.148 4	−0.115 2	0.0991	0.080 0	0.716 1
2MG-AD	0.688 9	0.415 9	0.314 3	0.148 6	−0.175 7					0.080 4	0.688 9
2MG-A	0.737 8	0.050 9	0.011 5							0.002 2	0.737 8
2MG-EA	0.743 4	0.051 3								0.003 2	0.743 4
2MG-AED	0.415 8	0.401 5	0.007 0							0.056 8	0.415 8
2MG-EEAD	0.557 4	0.168 4								0.047 1	0.557 4

表3-20 2015年茎叶比不同遗传模型AIC值及适合性检验结果

Tab. 3-20 AIC values and suitability test results of different genetic models of stem-to-leaf ratio in 2015

模型	M	da	db	ha	hb	i	jab	jba	l	Major-Gene Var	Heritability (Major-Gene)
0MG											
1MG-AD	0.989 9	0.084 2		−0.084 2						0.005 7	0.081 3
1MG-A	0.946 4	0.025 4								0.000 8	0.011 3
1MG-EAD	0.942 9	0.007 1								0.000 5	0.007 2
1MG-AEND	0.942 9	−0.007 1								0.000 5	0.007 2
2MG-ADI	1.394 3	0.460 3	0.460 1	−0.690 3	−0.460 0	0.460 1	−0.460 0	−0.229 9	0.690 1	0.022 8	0.326 8
2MG-AD	1.024 6	0.074 6	0.092 3	−0.105 0	−0.067 4					0.009 9	0.142 3
2MG-A	0.943 9	0.022 4	0.004 9							0.000 8	0.011 1
2MG-EA	0.946 4	0.022 7								0.001 0	0.014 0
2MG-AED	0.940 5	0.006 0	0.005 9							0.000 5	0.007 4
2MG-EEAD	0.940 4	0.006 0								0.000 5	0.007 4

3.4 本章小结

茎粗和茎叶比2个性状在2014年和2015年的数据结果中具有一致性。其中，茎粗性状的最适遗传模型为2MG-ADI，主基因遗传率在2014年和2015年分别为93.24%和34.32%，可推断茎粗性状由2对主效基因控制。茎叶比性状的最适遗传模型为2MG-ADI，主基因遗传率在2014年和2015年分别为71.61%和32.68%，显示苜蓿的茎叶比由2对主效基因控制。

干重、分枝数和株高在不同试验年份具有不同的最适遗传模型。其中，干重2014年2MG-ADI模型的主基因遗传率为95.9%，而2015年2MG-EA模型的主基因遗传率仅为5.88%。分枝数2014年2MG-ADI模型的主基因遗传率为92.76%，而2015年2MG-EEAD模型的主基因遗传率仅为25%。结果表明，干重和分枝数受环境影响作用较大，主基因解释的表型变异信息在不同环境中差别较大。株高2014年2MG-AED模型的主基因遗传率为90.7%，略低于最适遗传模型2MG-ADI的97.6%，2015年2MG-AED模型的主基因遗传率为57.25%，2年试验结果存在一定的相似点，2MG-AED可作为候选或最适遗传模型，显示株高受2对主基因控制。

4　紫花苜蓿分子标记遗传图谱的构建

4.1　引言

遗传连锁是由于染色体上位置相近的DNA序列会在减数分裂时移向同一极，根据重组率的不同，可以判断2段DNA序列的距离，利用分子标记手段可以判断不同DNA序列之间的距离。2个物理位置相近的标记在杂交过程中不太可能被分到不同的染色体，根据这个特性就能判断不同标记之间的相对位置。与此同时，2个基因间的物理位置越近，越不容易发生重组。利用大量分子标记构建连锁图谱是利用遗传连锁定律获得物种信息的一种有效方式。由于紫花苜蓿基因组序列尚未明确，因此通过遗传连锁图谱探究紫花苜蓿遗传特性具有重大的实际意义。本研究利用SSR分子标记和GBS测序技术对遗传作图群体进行全基因组SNP数据检测，并发掘有效SNP位点，利用SSR标记和第3代SNP标记构建高密度连锁图谱。通过连锁图谱信息进一步分析紫花苜蓿遗传规律，为进一步关联分析和QTL精细定位提供参考。

4.2　材料与方法

4.2.1　试验材料

试验材料的详细内容见第2章2.2.2部分。本试验中所用的所有SSR引物序列来源于美国Noble Foundation研究机构，并交由北京天一辉远生物技术有限公司合成，从1 166对已知SSR引物中合成333对SSR引物（引物序列见附录）。

4.2.2 DNA提取

从田间用镊子摘取亲本和F_1代幼嫩叶片100g，摘取的叶片装入自封袋，并放入冰盒保存。将幼嫩叶片带回实验室进行DNA提取，DNA提取使用康为DNA试剂盒。DNA质量的检测使用Nanodrop 2000分光光度计，利用波长260/280检测DNA纯度，最终DNA浓度要达到GBS文库构建所需的50～100ng/μl。

4.2.3 引物筛选

在152个杂交子代群体中，分别选取与父母本农艺性状相似的10个样本，其中与父本农艺性状相似的样本编号分别为56、102、137、149和151；与母本农艺性状相似的样本编号分别为23、40、68、116和132。取其DNA样本各1μl混合放入1.5ml离心管做成DNA池，漩涡振荡仪振荡使其均匀混合，放入-20℃冰箱保存，作为优化模板备用。

分别以父本、母本和上述混合样本为模板，使用全部333对SSR引物进行PCR扩增，扩增产物经8%聚丙烯酰胺凝胶电泳分离。扫描拍照并标记后，观察每对引物对父本和母本扩增后的扩增产物有无差异。选择扩增产物差异明显，条带清晰，易于统计的引物，筛选得到的引物即可对群体进行扩增。

4.2.3.1 PCR反应

（1）PCR反应体系（表4-1）。

表4-1 PCR反应体系

Tab. 4-1 Protocol of PCR

组分	浓度	用量（μl）
Mg离子	1.5mmol/L	1.25

（续表）

组分	浓度	用量（μl）
10 × Buffer	—	1
dNTPs	2.5mmol/μl	0.15
引物混合物	10μM	1.0
Taq DNA聚合酶	5.0U/μl	0.1
DNA模板	50ng/μl	1.0
ddH_2O		补至10μl

（2）PCR反应程序。

设计PCR反应程序：95℃预变性5min；94℃变性30s，退火温度以65℃为起点，每循环一圈，退火温度降低0.5℃，72℃延伸30s（此为降落式PCR阶段循环20圈）；94℃变性30s，55℃退火30s，72℃延伸30s（此为常规PCR阶段循环圈数为10）；72℃延伸6min，4℃保存，待用。

4.2.3.2　聚丙烯酰胺凝胶的制备

（1）10 × TBE缓冲液的配制。取Tris碱108g，硼酸55g，EDTA取9.3g，加水800ml，在磁力搅拌器上加热搅拌，直至完全溶解，调节pH值至8.0 ~ 8.2，加水定容至1L。

（2）10%过硫酸铵。取10g过硫酸铵，溶解于100ml去离子水中，混合均匀后分装在1.5ml离心管中，每管分装1ml，−80℃冰箱保存。

（3）40%丙烯酰胺。甲叉双丙烯酰胺：称取丙烯酰胺290g，N，N'–亚甲基双丙烯酰胺10g，加入750ml去离子水，在磁力搅拌器上加热搅拌，用0.45μm硝酸纤维滤膜过滤，置于棕色瓶中4℃保存备用。

（4）配制8%聚丙烯酰胺。40%丙烯酰胺：甲叉双丙烯酰胺20ml，10 × TBE缓冲液10ml，去离子水70ml，灌胶前加入10%过硫酸铵900μl和TEMED 70μl。迅速摇匀，静置消除气泡，使液体内部稳定后，即可灌胶。

4.2.4 基因分型

4.2.4.1 玻璃板的清洗和组装

（1）将玻璃板在自来水下冲洗，冲掉灰尘和明显污渍后，加入洗涤剂浸泡30min，注意两层玻璃板间放入一块海绵，以防浸泡后两块玻璃板紧贴在一起不易分开。浸泡后，用清洁海绵反复擦洗玻璃两面，用手摸感觉光滑无污渍后，冲洗干净。直立晾干。

（2）晾干后将2块玻璃板对向放置，四边平齐后用夹子夹住2个竖边，水平放置。将配制好的8%聚丙烯酰胺溶胶缓缓沿横边灌入2板之间，依靠虹吸显现充满整个玻璃板的夹缝而不外漏。缓慢灌胶避免出现气泡，但是不宜太慢，以免出现未灌完成胶已经凝固的现象。

（3）灌胶完成后插入鲨鱼齿梳子，放置2h以上，使其完全凝固。

4.2.4.2 聚丙烯酰胺凝胶电泳

依次取1.2μl混有6 × loading buffer的PCR产物，注入点样孔，记录样本顺序，以待后期分析。

4.2.4.3 电泳仪设置

本试验使用的电泳仪为北京六一生物技术工程有限公司生产的DYY10C电泳仪，设置为定时状态，设定电压、电流、功率的最大范围，运行过程中，随着电泳时间延长温度上升，内部电阻会发生变化，电流、电压、功率三者也会相应发生改变，变化过程中，以三者设定范围中的最短板为限制，对变化状况进行调节。

输出功率（最大可设范围5 ~ 200W）：100W。

输出电压（最大可设范围10 ~ 3 000V）：700V。

输出电流（最大可设范围3 ~ 300mA）：240mA。

设定时间：2.5h。

4.2.4.4 聚丙烯酰胺凝胶电泳染色与显色

（1）待电泳结束后，放置30min，等待凝胶冷却后，去掉夹子，撬开玻璃板，将凝胶取下，使用清水冲洗1～2次，除去TBE缓冲液。

（2）配置$AgNO_3$溶液：称取0.6g$AgNO_3$溶入600ml去离子水中，混合均匀后，避光放置，待用。

（3）将第一步中冲洗干净的凝胶浸入制备好的$AgNO_3$溶液中，摇床上70rmp放置10min。

（4）倒掉$AgNO_3$溶液后，在清水下洗净胶板，除去胶板上残留的$AgNO_3$溶液。

（5）配置显示溶液。称取NaOH颗粒6g，溶入600ml去离子水中，溶解均匀后，加入1ml甲醛溶液。摇匀，使其充分混合后备用。

（6）取第（4）步中用清水洗净的凝胶，完全浸入显示溶液中，放置在70rmp摇床上，直至出现显色清晰的条带。

（7）完成显色后，去掉显色液，使用清水冲洗干净凝胶。

4.2.4.5 凝胶显色图像的扫描和条带统计

将显色后的图片在UMAX PowerLooK 2100XL扫描仪上扫描，拍照，并标记父母本和子代顺序。条带统计原则是按照在特异性扩增区域，按照位点的高度，由上到下记录，该位点有条带标记为“1”，没有条带标记为“0”，如果单个模板的扩增失败，或者由于该区域凝胶状态不好无法分辨，或者出现遮挡，缺失等状况，该区域位点的条带全部标记为“9”。值得注意的是，如果一个个体的一个位点标记为“9”，此引物扩增的该个体的全部条带的状况都应记为“9”。不应出现同一引物的同一模板扩增出来的同一产物当中，有的位点标记为“9”，其他位点标记为“0”或“1”的情况。

4.2.5 GBS文库构建

利用EcoT221酶进行DNA的酶切，EcoT221能够识别6个碱基对的

DNA片段（5’-ATGCAT）。通过酶切法能够将基因组DNA切割为长度均匀的DNA小片段。进而利用已知序列DNA构建出2个GBS文库，以GBS文库为参照进行后续试验。酶切法产生的长度不同的DNA片段进行后续PCR扩增，从而保证小剂量的DNA信息也能够被检测出来。扩增之后使用Hi-seq2000测序仪进行测序。测序结果首先利用FastQC（v0.11.5，http://www.Bioinformatics.babraham.ac.uk/projects/fastqc/）进行初始片段质量检测，对筛选后的DNA片段通过蒺藜苜蓿基因组进行BLAST对比分析（https://phytozome.jgi.doe.gov/pz/M.trun-catula）。匹配良好的DNA片段标记到物理图中（TOPM），DNA匹配结果产生的FASTQ文件进行DNA重复倍数计算。计算结果和匹配良好的DNA片段储存在TBT文件中，TOPM文件和TBT文件用来鉴定SNP位点在染色体上的位置，同时检测结果包括片段所处位置、较小等位基因频率（MAF）。另外通过设定的自交系数继续进行SNP位点筛选。F_1后代的特异性信息主要利用R包“pegas”和Perl程序进行计算。

候选SNP标记利用TASSEL（Bradbury等，2007）软件进行分析。由于紫花苜蓿没有参考基因组，因此将测序的序列信息剪切到64bp，并且至少出现5次的位点才被认为是有效SNP位点。通过检测的SNP位点进行亲本差异性分析，只保留亲本间具有差异的SNP位点。利用TASSEL软件筛选次等位基因频率大于5%的位点，并且过滤掉缺失值超过10%的位点。

4.2.6 连锁图谱构建

利用亲本间具有差异的单标记和双标记进行遗传图谱构建，通过单标记和双标记能够对应单显性（Aaaa）和双显性（AAaa），该方法主要参考Hackett（1998）和Meyer（1998）的分析方法。在同源四倍体中，用于构建连锁图的标记主要有3种类型，分别是单显性（Aaaa × aaaa）、双显性（AAaa × aaaa）和双单显性（Aaaa × Aaaa），它们对应的分离比率分别为1：1，5：1和3：1。其他分离方式比如AAaa × Aaaa和AAaa × AAaa的分离比率分别是11：1和35：1，它们包含的重组信息太少，因此不考虑

这些分离方式。此外，双单显性的分离方式难以检测倍性影响，因此本研究分析仅考虑1：1和5：1的标记。

连锁图构建在父本和母本中单独进行，SSR和SNP数据在一个亲本为杂合型，另一个亲本为纯合型的标记用来计算分离比，通过卡方适合性检验（$P>0.05$）且分离比在子代中为1：1和5：1的数据被用来进行构建连锁图谱。根据亲本的基因型差别对这些SSR和SNP数据进行分离，分别筛选出父本和母本分离比为1：1和5：1的标记。根据Luo等（2001）提出的关于同源四倍体土豆分析方法，将卡方检验达到显著水平的标记进行连锁标记聚类，排除共分离的标记，同源四倍体分析软件TetraploidMap用来进行连锁群聚类分析并按照不同的连锁群进行连锁图谱构建。由于SNP标记包含信息太多，因此将构建连锁图获得的信息利用MapChart重新构建遗传连锁图。同时利用GBS测序产生的物理图位置信息对SNP数据进行构建物理图。

4.3 结果与分析

4.3.1 SSR标记引物筛选及基因分型

聚丙烯酰胺凝胶电泳对以亲本和混合样为模板的所有引物的扩增产物进行分离，部分引物的扩增结果见图4-1。333对引物中有176对有差异，占总引物比例的52.85%。使用176对具有父母本差异的引物，采用该引物对亲本和F_1代群体进行分型，聚丙烯酰胺凝胶电泳分离（图4-2）。

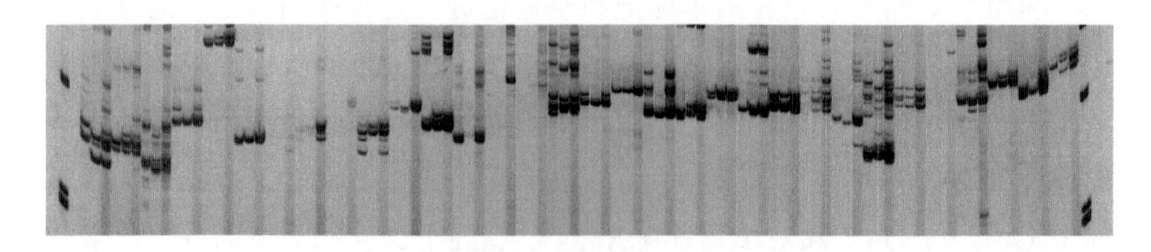

图4-1 部分SSR引物对亲本扩增的效果

Fig. 4-1 DNA polymorphism detected in two parents with some of SSR primers

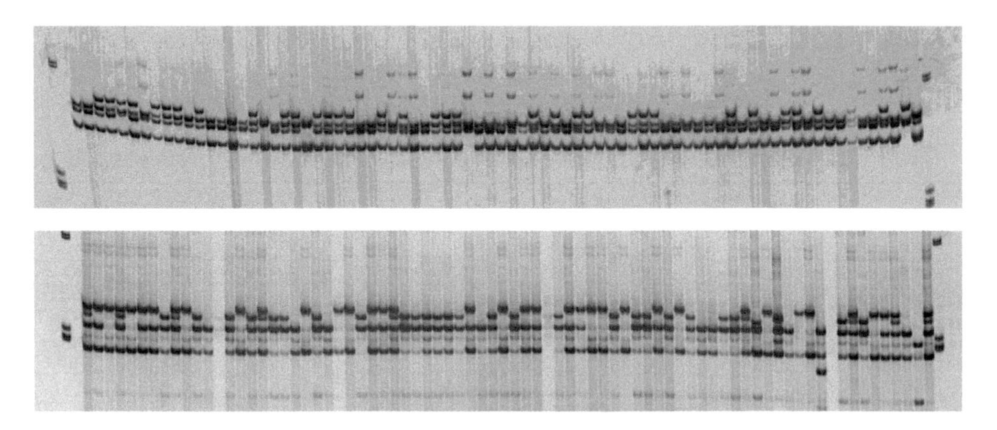

图4-2 部分SSR引物对F_1子代的扩增效果

Fig. 4-2 DNA polymorphism detected in F_1 progeny with some of SSR primers

4.3.2 SNP标记筛选

GBS测序结果最终产生父母本具有差异的VCF文件包含60 106个SNP标记，平均测序深度为7.9X。筛选出次等位基因超过5%的数据（MAF≥5%），获得51 481个SNP标记。进一步筛选出缺失值小于10%的标记（missing value≤10%），获得7 604个SNP标记。其中杂合型SNP标记父本4 845个，母本2 717个。接着筛选出非亲本重组型低于5%的标记（repulsion recombination frequence≤5%），获得1 883个SNP标记。最终将杂合型SNP标记进一步用来进行适合性检验分析，检测出单位点分离比为1∶1和5∶1的标记（父本484个，母本476个）。利用最终检测到的SNP标记进行遗传连锁图谱构建。

4.3.3 SSR遗传连锁图谱构建

在176个多态性标记中利用四倍体专用分析软件Teraploidmap进行遗传连锁图谱的构建。父本的遗传连锁图谱共包含79个多态性标记（表4-2），分布在8个连锁群上，基因组图谱总长为1 102cM，平均距离是13.95cM。母本遗传连锁图谱共包含78个多态性标记（表4-2），分布在8个连锁群上，基因组图谱总长1 148cM，平均距离14.72cM。父母本的

SSR遗传连锁图如图4-3和图4-4所示。

表4-2 每个连锁群中SSR标记的分离比率

Tab. 4-2 Marker segregation ration of SSR markers mapped to each linkage group

连锁群	父本		母本	
	覆盖图距（cM）	SSR标记数	覆盖图距（cM）	SSR标记数
1	200	16	170	15
2	149	11	188	15
3	192	14	186	13
4	115	13	115	13
5	76	5	76	5
6	72	2	72	2
7	164	10	234	7
8	134	8	107	8
总计	1 102	79	1 148	78

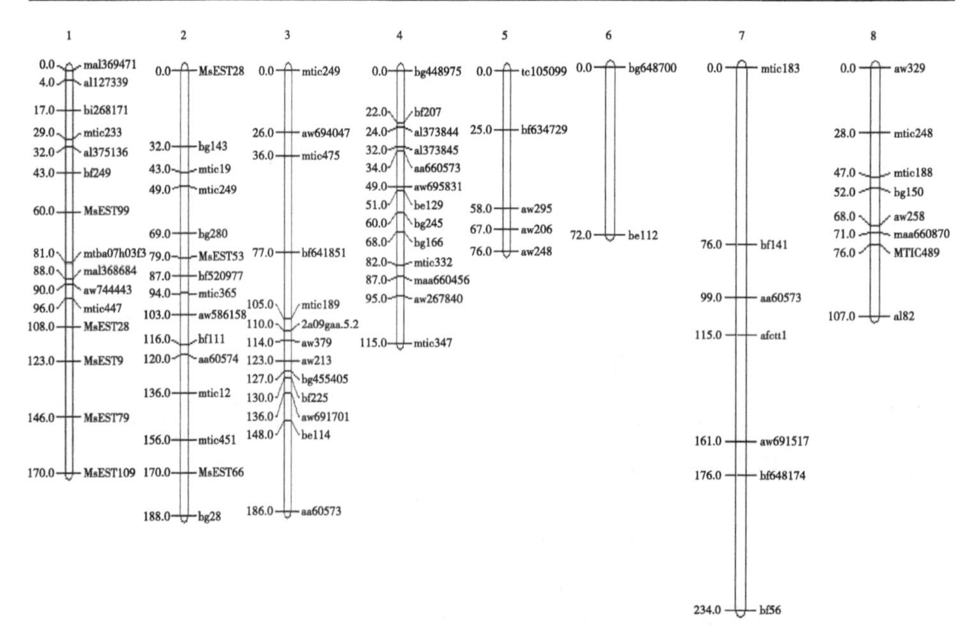

图4-3 紫花苜蓿父本SSR标记连锁

Fig. 4-3 SSR linkage map of paternal alfalfa

注：连锁图左侧数字为不同连锁群覆盖图距（cM）

Note: Map distance in centimorgans of each linkage group are given to the left

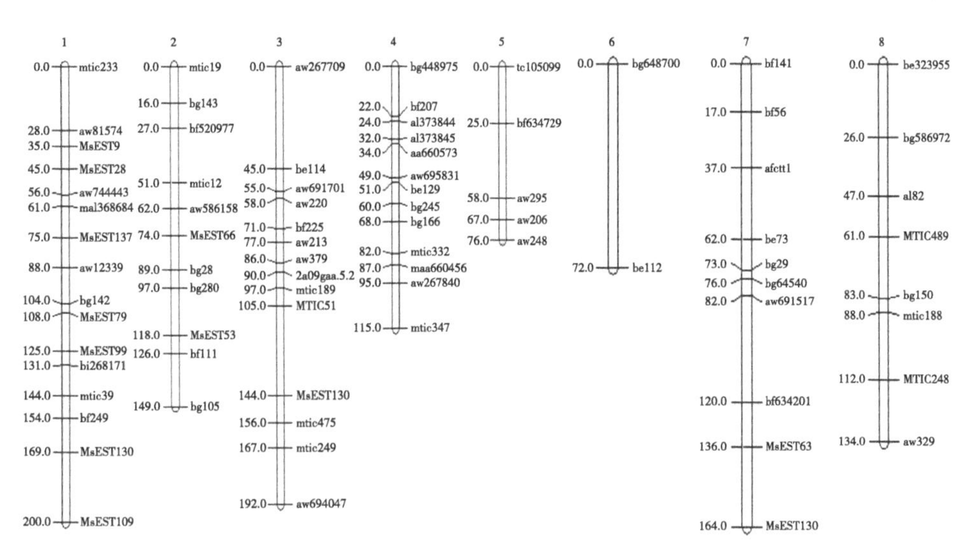

图4-4 紫花苜蓿母本SSR标记连锁

Fig. 4-4 SSR linkage map of maternal alfalfa

注：连锁图左侧数字为不同连锁群覆盖图距（cM）

Note：Map distance in centimorgans of each linkage group are given to the left

4.3.4 SNP遗传连锁图谱构建

利用TetraploidMap软件对候选SNP标记进行聚类分析，分别将父母本的SNP标记分为8个连锁群。父本每个连锁群内标记数为21～146个，平均每个连锁群61个标记，总共包含有484个SNP标记；母本每个连锁群内标记数为23～208个，平均每个连锁群60个标记，总共包含476个SNP标记（表4-3）。

表4-3 每个连锁群中SNP标记的分离比率

Tab. 4-3 Marker segregation ration of SNP markers mapped to each linkage group

连锁群	父本		母本	
	覆盖图距（cM）	SNP标记数	覆盖图距（cM）	SNP标记数
1	198.8	22	382.2	31
2	346.9	44	444.9	61

（续表）

连锁群	父本		母本	
	覆盖图距（cM）	SNP标记数	覆盖图距（cM）	SNP标记数
3	854.5	146	441.0	23
4	800.9	81	960.7	208
5	446.2	51	343.2	23
6	508.5	68	490.2	63
7	526.4	51	414.5	40
8	311.1	21	292.7	27
总计	3 993.3	484	3 769.4	476

父本各连锁群遗传图距311.1～854.5cM，平均每个连锁群覆盖图距499.16cM，该遗传连锁图谱覆盖图距3 993.3cM，2个标记间平均遗传图距为8.25cM；母本各连锁群遗传图距292.7～960.7cM，平均每个连锁群覆盖图距471.18cM，该遗传连锁图谱覆盖图距3 769.4cM，2个标记间平均遗传图距为7.92cM。父母本的遗传连锁图如图4-5和图4-6所示。

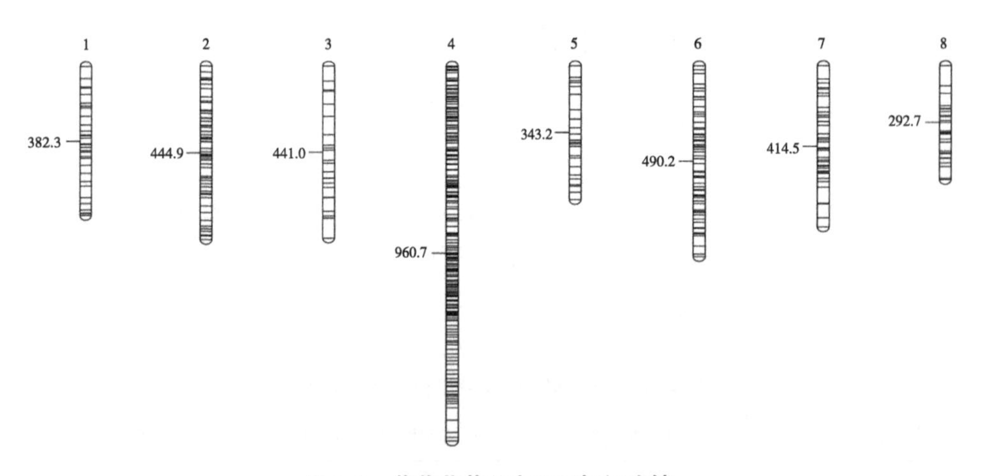

图4-5　紫花苜蓿父本SNP标记连锁

Fig. 4-5　SNP linkage map of paternal alfalfa

注：连锁图左侧数字为不同连锁群覆盖图距（cM）

Note：Map distance in centimorgans of each linkage group are given to the left

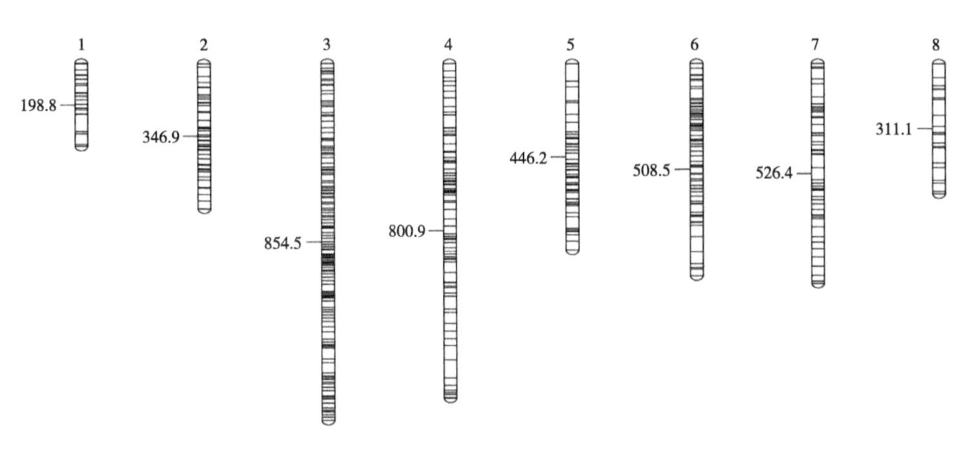

图4-6 紫花苜蓿母本SNP标记连锁

Fig. 4-6 SNP linkage map of maternal alfalfa

注：连锁图左侧数字为不同连锁群覆盖图距（cM）

Note：Map distance in centimorgans of each linkage group are given to the left

4.3.5 物理图谱构建

利用GBS测序产生的结果和蒺藜苜蓿基因组信息进行BLAST对比，能够获得每个候选SNP标记的物理图位置，此外还能获得父母本SNP标记的染色体位置，因此利用构建遗传图谱的SNP标记进行物理图谱的构建。父本每个染色体内标记数为42～107个，平均每个连锁群61个标记，总共包含有484个SNP标记；母本每个连锁群内标记数为37～82个，平均每个连锁群60个标记，总共包含476个SNP标记（表4-4）。

表4-4 每个染色体上SNP标记的分离比率

Tab. 4-4 Marker segregation ration of SNP markers mapped to each chromosome

染色体	父本		母本	
	覆盖图距（Mb）	SNP标记数	覆盖图距（Mb）	SNP标记数
1	52.84	65	52.84	69
2	45.39	42	41.82	56
3	55.26	107	55.26	82

（续表）

染色体	父本		母本	
	覆盖图距（Mb）	SNP标记数	覆盖图距（Mb）	SNP标记数
4	55.73	72	55.16	60
5	42.16	55	42.00	74
6	34.73	58	34.73	59
7	48.43	42	48.43	39
8	44.82	43	44.36	37
总计	—	484	—	476

父本各染色体物理距离在34.73～55.73Mb，平均每个染色体覆盖物理距离47.42Mb，平均2个标记间物理距离为0.78Mb；母本各染色体物理距离在34.73～55.16Mb，平均每个染色体覆盖物理距离为46.83Mb，平均2个标记间物理距离为0.79Mb。父母本的物理图如图4-7和图4-8所示。

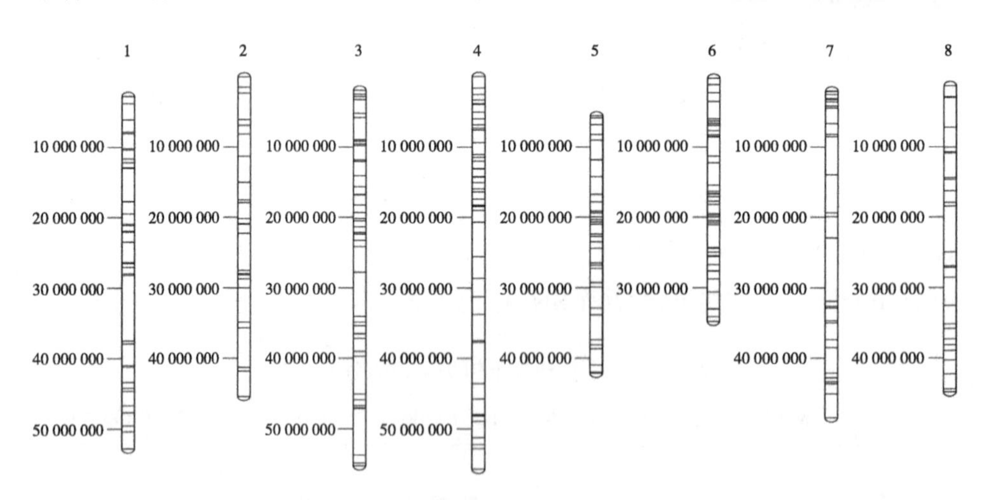

图4-7　紫花苜蓿父本SNP标记物理图

Fig. 4-7　SNP physical map of paternal alfalfa

注：连锁图左侧数字为不同染色体覆盖图距（bp）

Note：Map distance in basepairs of each chromosome are given to the left

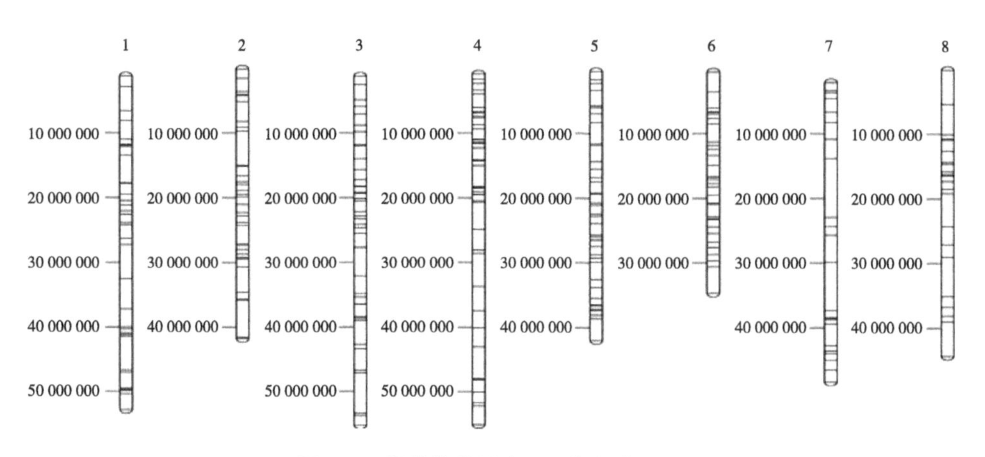

图4-8 紫花苜蓿母本SNP标记物理图

Fig. 4-8 SNP physical map of maternal alfalfa

注：连锁图左侧数字为不同染色体覆盖图距（bp）

Note：Map distance in basepairs of each chromosome are given to the left

4.4 本章小结

构建了SSR分子标记连锁图谱，父本的遗传连锁图谱共包含79个多态性标记，分布在8个连锁群上，基因组图谱总长为1 102cM，平均距离是13.95cM。母本的遗传连锁图谱共包含78个多态性标记，分布在8个连锁群上，基因组图谱总长1 148cM，平均距离14.72cM。

利用GBS技术开发的SNP标记，通过紫花苜蓿遗传分离规律进行标记筛选。最终获得960个用于构建连锁图谱的SNP标记，父母本标记分别为484个和476个。最终利用父母本标记各构建一张连锁图谱，父本遗传连锁图谱覆盖图距3 993.3cM，2个标记间平均遗传图距为8.25cM；母本遗传连锁图谱覆盖图距3 769.4cM，2个标记间平均遗传图距为7.92cM。

利用测序获得的SNP位点信息构建物理图谱，父本平均每个染色体覆盖物理距离47.42Mb，平均2个标记间物理距离为0.78Mb；母本平均每个染色体覆盖物理距离46.83Mb，平均2个标记间物理距离为0.79Mb。

5　紫花苜蓿重要性状的QTL定位

5.1　引言

数量性状位点定位分析是结合表型数据和基因型数据对遗传信息进行挖掘的有效方法。数量性状位点（QTL）是和表型变异相关的一段DNA序列，一般QTL位点包含控制表型的基因或者与之相关的基因。QTL定位是通过分子标记和表型性状二者结合进行的，通过QTL定位能够初步获取控制目的性状基因的相对遗传位置，根据定位到的区间信息将候选基因进行验证，最终能够获得控制目的性状的基因，因此QTL定位是研究数量性状的有效方法。本研究利用SSR分子标记对152个F_1代单株材料的6个表型性状进行QTL定位分析，发掘控制目的性状的主效QTL位点，通过QTL位点信息探寻控制性状的目的基因，同时为进一步QTL精细定位研究提供参考依据。

5.2　材料与方法

5.2.1　试验材料

试验材料的详细内容见第2章2.2.2部分。

5.2.2　基因型测定

按照Doyler等（1990）提出的基因组DNA提取方法进行DNA提取，

提取出的DNA用于后续SSR分子标记试验。SSR引物根据蒺藜苜蓿基因组序列进行开发，同时从美国Noble Foundation获得部分引物。SSR引物筛选方法按照Diwan等（2000）提出的标准进行。SSR引物的PCR扩增反应按照Diwan等（1997）提出方法进行，并用Nanodrop 2000分光光度计进行浓度测定。最终通过聚丙烯凝胶电泳的结果进行基因型区分，按照条带的有无分别统计为“1”和“0”，缺失值标记为“9”。利用TetraploidMap（Hackett等，2003）进行基因分型并鉴定可能存在的双减数分裂情况，随后进行连锁群鉴定。如果被检测位点存在待评估基因型的DNA片段则认为是等位基因，如果没有则不计算。利用LOD值大于3，重组率小于0.3的标准进行显性标记筛选。

5.2.3 表型测定

按照第2章表型测定方法进行表型性状测定。

5.2.4 关联分析

基因型和表型的关联分析利用TetraploidMap进行，利用最小二乘法对显隐性位点进行分析。为了排除家系影响因素产生的错误，本研究使用非参数估计方法进行计算（Churchill等，1994），并按照Westfall等（1993）提出的方法确定最佳参数。所有等位基因最初同时选入模型并进行关联分析，表型关联筛选的标准为$P<0.05$。

5.3 结果与分析

5.3.1 分枝数关联分析

共检测到14个分枝数QTL位点，其中母本9个（图5-1A），父本5个（图5-1B）。对连锁群上2个以上的QTL位点进行了分析。

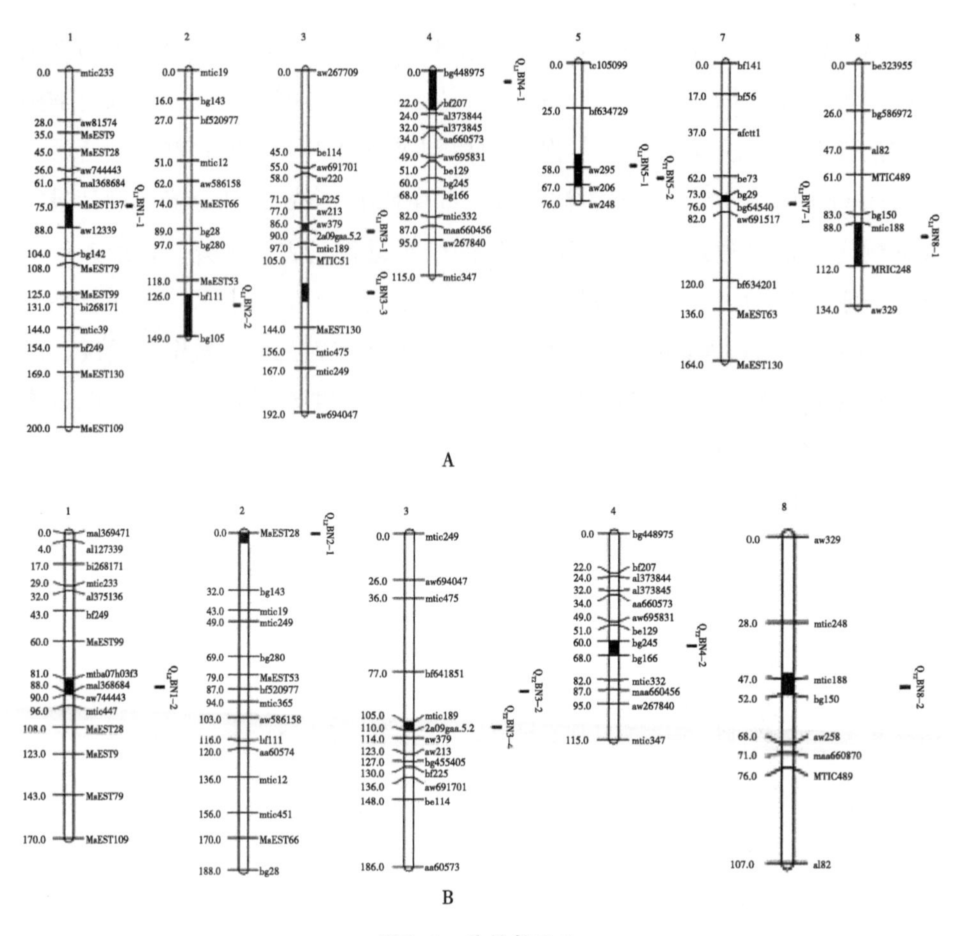

图5-1　分枝数QTL

Fig. 5-1　QTL for branch number

在第1染色体上共发现2个QTL与分枝数相关，分别命名为Q_{L1}BN1-1、Q_{L2}BN1-2（图5-2）。Q_{L1}BN1-1被定位在第1染色体76cM处，与父本遗传连锁图谱的标记MsEST137紧密连锁，能够解释的表型变异为29.77%，优良等位基因来源于父本，最大LOD值为8.5，通过full model、simple model分析发现来自同源染色体2上的后代分枝数显著高于其他基因型的分枝数。

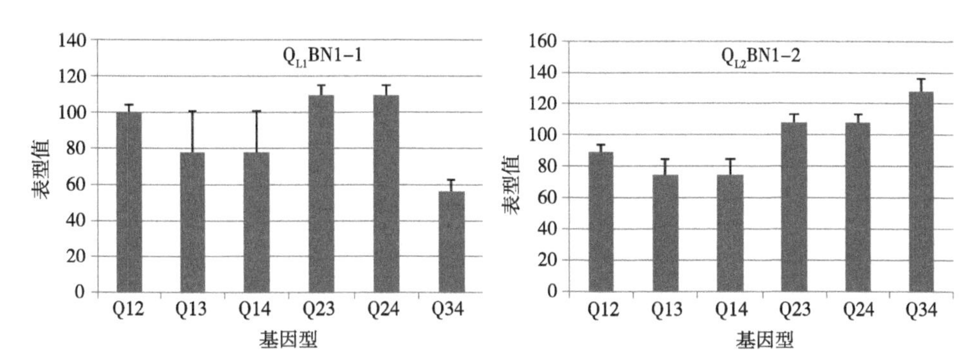

图5-2 Q_{L1}BN1-1、Q_{L2}BN1-2对不同基因型的影响

Fig. 5-2 The impact of Q_{L1}BN1-1、Q_{L2}BN1-2 to different genotype

基因型Q23、Q24、Q12的分枝数较大。在母本遗传连锁图谱上，Q_{L2}BN1-2位于第1染色体86cM处，与标记mal368684紧密连锁（含有2条同源染色体），对表型的贡献率为19.7%，优良等位基因来源于母本，最大LOD值为3.3，通过fullmodel、simple model分析发现同源染色体1、3、4上后代基因型的分枝数与来自同源染色体2上的存在明显差异（$P<0.05$）。

在第2染色体上共检测到2个分枝数的QTL，分别命名为Q_{L2}BN2-1、Q_{L1}BN2-2。Q_{L2}BN2-1位于第2染色体0cM的MsEST28标记附近，对表型的贡献率为10.2%，最大LOD值为3.8，在90%的置信条件下LOD相等。优良等位基因均来自母本。Q_{L1}BN2-2在第2染色体132cM的bf111标记附近被检测到，对表型的贡献率为20.5%，最大LOD值分别为6.4>3.04（95%的置信条件下）。优良等位基因均来自亲本1。不同基因型的表型变化如图5-3，Q12>Q13=Q14>Q23=Q24>Q34，说明在第1、第2同源染色体上可能存在一对显性基因调控分枝数的变化，对表型的影响为正向作用。

在第3染色体上共检测到4个与分枝数相关的QTL，分别命名为Q_{L1}BN3-1、Q_{L2}BN3-2、Q_{T2}BN3-3、Q_{T2}BN3-4，它们分别被定位在第3染色体的90cM、90cM、124cM、106cM处，能够解释的表型变异范围是22.15%~46.98%，最大LOD值在4.6和10.2之间变化。Q_{L2}BN3-2和Q_{T2}BN3-4被定位在母本遗传连锁图上，Q_{L2}BN3-2与标记MTIC51紧密连

锁，其对表型的贡献率高达46.98%，最大LOD值为7.02>3.53（95%置信条件下），Q_{T2}BN3-4位于mtic189和2a09.gaa.5-2标记之间。Q_{L1}BN3-1、Q_{T1}BN3-3的优良等位基因来自父本，Q_{L1}BN3-1与父本的连锁图上的标记2a09.gaa.5-2紧密连锁，根据full model和simplex model分析发现，其不同基因型间的表型变化如图5-4所示，Q24>Q12>Q13>Q23>Q34，由此推断它的等位基因的作用方式与Q_{L1}BN2-2是一致的，但又不能完全解释表型的变化，可能还存在加性效应。

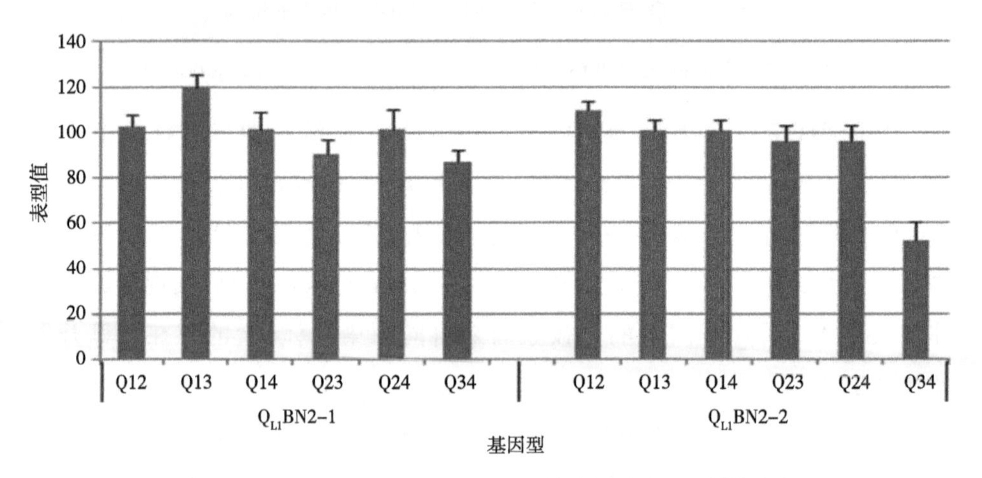

图5-3 Q_{L1}BN2-1、Q_{L2}BN2-2不同基因型影响分枝数的变化

Fig. 5-3 The impact of Q_{L1}BN2-1、Q_{L2}BN2-2 to branch number

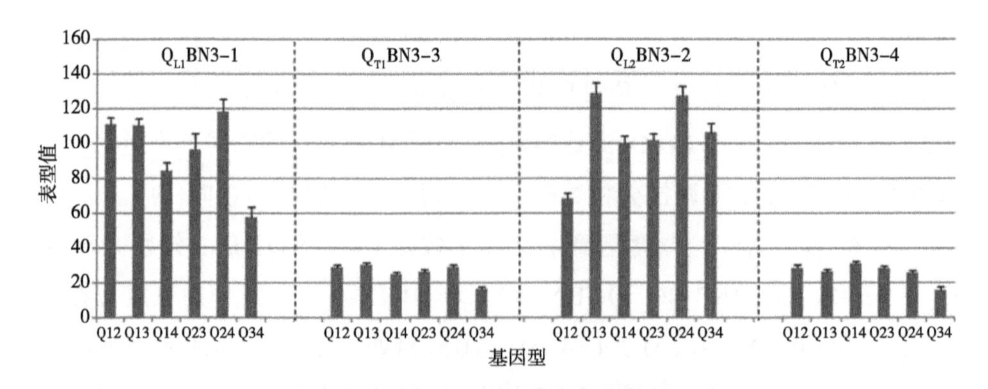

图5-4 不同基因型影响分枝数的变化

Fig. 5-4 The impact of different genotype to branch number

第4染色体上共发现2个QTL与分枝数有关，分别命名为Q_{L1}BN4-1、Q_{T2}BN4-2。Q_{L1}BN4-1被定位在父本的遗传连锁图上，与标记bf207紧密连锁，位于同源染色体1、2上，对表型的贡献率为30.9%，最大LOD值为8.3，远大于4.76（95%置信条件下）。其在不同基因型中对表型的影响为Q23=Q24>Q12>Q13=Q14>Q34（表5-1）。Q_{T2}BN4-2位于第4染色体的64cM处，在标记bg245和bg166之间，能够解释表型变异的18.8%，最大LOD值为3.74，略高于3.63（95%置信条件下）。

表5-1 Q_{L1}BN4-1、Q_{T2}BN4-2不同基因型影响分枝数的变化

Tab. 5-1 The impact of Q_{L1}BN4-1、Q_{T2}BN4-2 to branch number

基因类型	Q_{L1}BN4-1		Q_{T2}BN4-2	
	分枝数均值	标准误	分枝数均值	标准误
Q12	109.02	3.73	30.314	1.014
Q13	96.98	6.906	26.833	1.348
Q14	96.98	6.906	25.257	1.533
Q23	110.197	5.087	26.59	1.363
Q24	110.197	5.087	23.354	1.768
Q34	60.69	5.16	12.375	3.306

第8染色体上共发现2个与分枝数有关的QTL，分别命名为Q_{L1}BN8-1、Q_{T2}BN8-2。Q_{L1}BN8-1被定位到第8染色体的98cM处，能够解释27.16%的表型变异，Q_{L1}BN8-1的不同基因型间分枝数为Q13=Q14>Q12>Q23=Q24>Q34，如图5-5所示。Q_{T2}BN8-2在第8染色体的50cM处，在标记bg150和mtic188之间（bg150在同源染色体1上，mtic188在同源染色体1、2上），能够解释12.56%的表型变异，最大LOD值为2.56，通过simple model分析，来自同源染色体1、2后代基因型的分枝数与其他2个同源染色体存在显著差异。

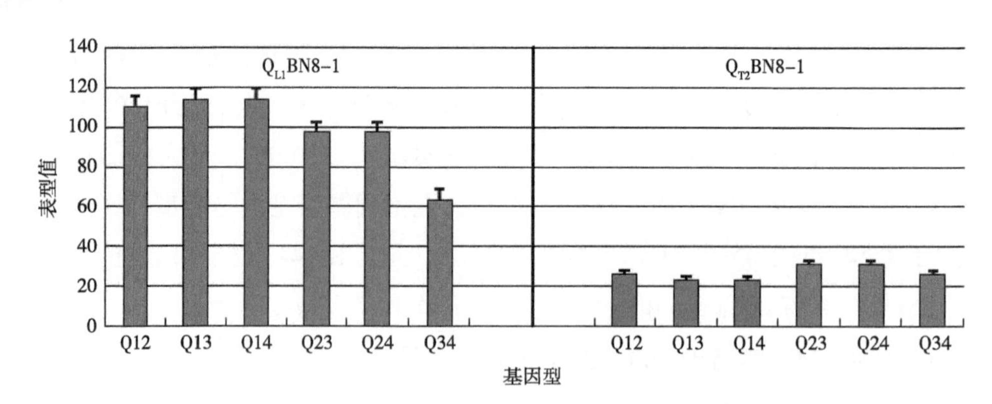

图5-5　Q_{L1}BN8-1、Q_{T2}BN8-1基因型影响分枝数的变化

Fig. 5-5　The impact of Q_{L1}BN8-1、Q_{T2}BN8-1 to branch number

5.3.2　株高关联分析

共检测到12个株高QTL位点，其中母本10个（图5-6A），父本2个（图5-6B）。对连锁群上的QTL位点进行了分析。

在第1染色体上共检测到3个与株高相关的QTL，分别命名为Q_{T1}PH1-1、Q_{T2}PH1-2和Q_{L2}PH1-3。Q_{T1}PH1-1在第1染色体140cM处，与标记mtbc39go7f1（含有1条同源染色体）紧密连锁，能够解释的表型变异为14.3%，优良等位基因来源于父本，最大LOD值为2.9，该等位基因对株高的影响如图5-6所示，Q13=Q14>Q34>Q23=Q24>Q12（full model）。通过simple model分析表明来自C2、C3、C4基因型对表型的贡献率均大于10%，其后代表型株高均与来自同源染色体1的存在显著差异。在第1染色体158cM处的Q_{T2}PH1-2，介于MsEST79和MsEST109标记之间，能够解释的表型变异为24.9%，优良等位基因来源于母本，最大LOD值为3.5。不同基因型间的株高变化如图5-7所示，Q23=Q24>Q12>Q13=Q14>Q34。在第1染色体74cM处的Q_{L1}PH1-3，与同源染色体1、2上的标记MsEST137紧密连锁（含有3条同源染色体），能够解释的表型变异为33.3%，优良等位基因来源于父本，最大LOD值为2.9。不同基因型间的株高变化为Q23=Q24>Q12>Q34>Q13=Q14。

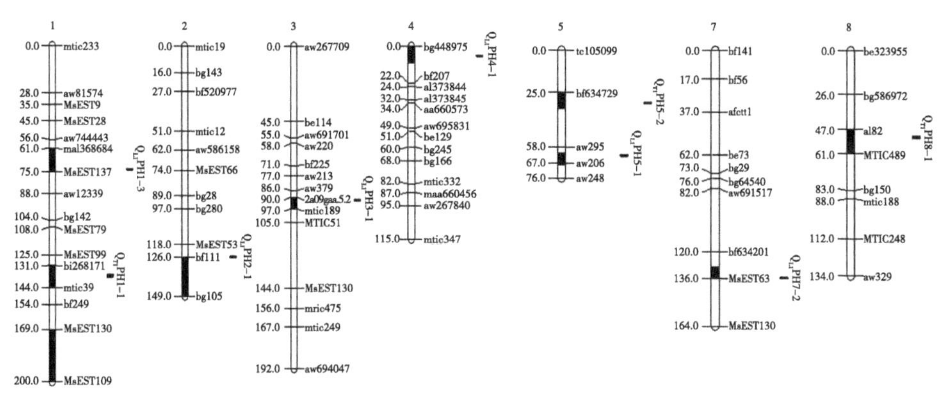

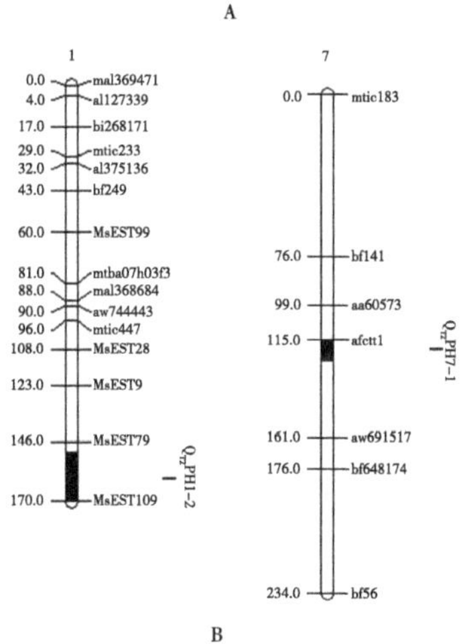

图5-6 株高QTL

Fig. 5-6 QTL for plant height

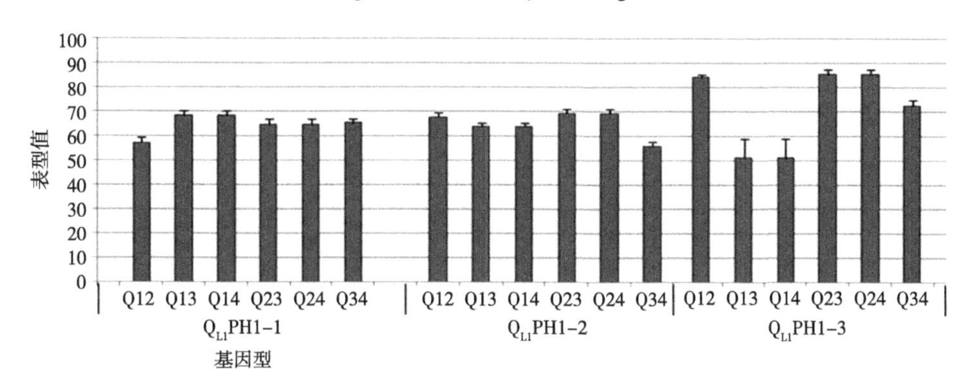

图5-7 Q_{T1}PH1-1、Q_{T2}PH1-2和Q_{L2}PH1-3基因型影响株高的变化

Fig. 5-7 The impact of Q_{T1}PH1-1、Q_{T2}PH1-2和Q_{L2}PH1-3 to plant height

第2染色体上只检测到1个与株高相关的QTL，命名为Q_{L1}PH2-1，与标记bf111（含有3条同源染色体）间相距3cM，对表型的贡献率为20.8%，在90%的置信条件下，最大LOD值为4.95>4.29，优良等位基因来自亲本1。Q_{L1}PH2-1对表型的影响如图5-8所示，Q12>Q13=Q14>Q24=Q23>Q34，在同源染色体1、2上对表型为正效应，同源染色体3、4对表型为负效应。

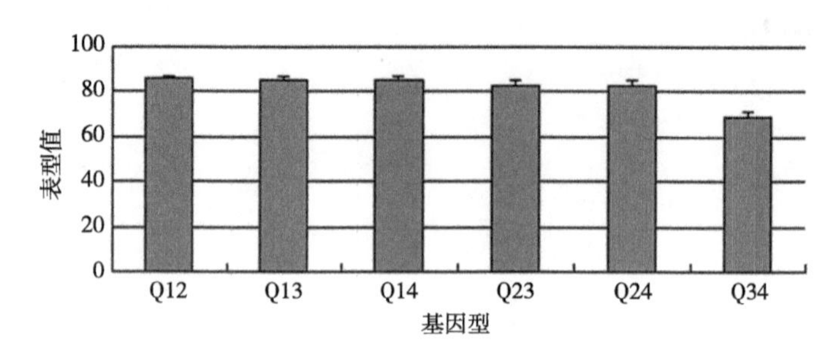

图5-8　Q_{L1}PH2-1基因型影响株高的变化

Fig. 5-8　The impact of Q_{L1}PH2-1 to plant height

在第3染色体上发现一个与株高相关的QTL，位于92cM处，命名为Q_{L1}PH3-1。在标记2a09gaa.5和2-mtic189之间，能够解释33.49%的表型变异，最大LOD值为9.2，仅略高于95%置信条件的LOD值（7.02）。Q_{L1}PH3-1对表型的影响见图5-9，基因型Q13、Q14的株高值最大，分别为86.5cm、86.7cm，株高最小的基因型是Q34，株高是68.4cm，其余基因型的株高值均在85cm左右，大小顺序为Q24>Q23>Q34，由此表明该等位基因在同源染色体1、2上对表型的作用为正效应。

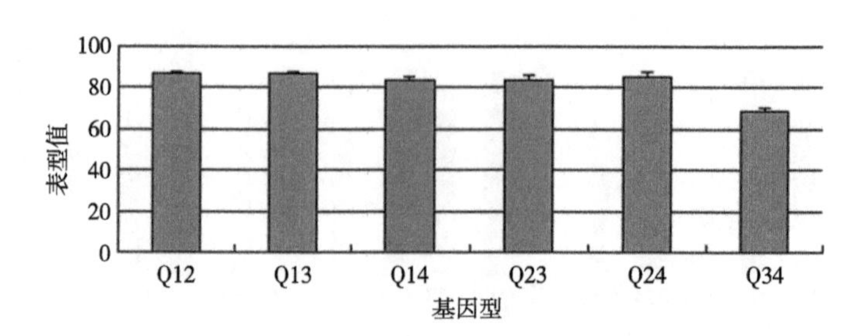

图5-9　Q_{L1}PH3-1基因型影响株高的变化

Fig. 5-9　The impact of Q_{L1}PH3-1 to plant height

在第4染色体上发现一个QTL与株高相关，命名为Q_{L1}PH4-1。其位于第4染色体4cM处，在bf207（含有3个等位基因）标记附近，能够解释30.2%的表型变异，优良等位基因来源于父本，最大LOD值为7.6>7.07（95%置信条件下）。Q_{L1}PH4-1在不同基因型中的株高以Q23、Q24最高，为86.9cm，最低的是基因型Q34，株高仅为69.3cm，如图5-10所示。通过simple model分析发现，4个同源染色体间等位基因对株高作用效应并没有显著差异，从另一个侧面反映出这些等位基因对表型还可能具有一定的加性效应。

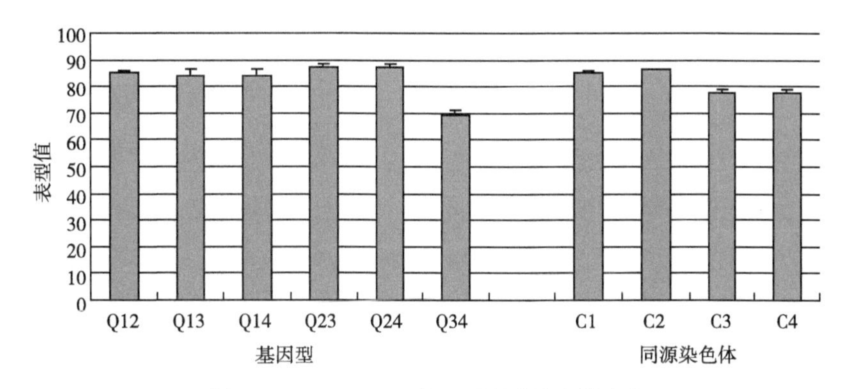

图5-10 Q_{L1}PH4-1基因型影响株高的变化

Fig. 5-10 The impact of Q_{L1}PH4-1 to plant height

在第5染色体上共检测到2个与株高相关的QTL，分别命名为Q_{L1}PH5-1、Q_{T1}PH5-2。Q_{L1}PH5-1位于标记aw295和aw206之间（aw295含有3个等位基因位点，aw206含有2个等位基因位点），最大LOD值为6.35>6.26（95%置信条件下），对表型的贡献率为15.3%，不同基因型间的株高变化为Q23=Q24>Q12>Q13=Q14>Q34（图5-11）。Q_{T1}PH5-2被定位在第5染色体的32cM处，在标记bf634729（含有2个等位基因）附近，对表型的贡献率高达42.4%，优良等位基因来源于父本。不同基因型间株高变化为Q12最小，Q13=Q14=69.28cm，Q34>Q24=Q23。由此表明Q_{L1}PH5-1和Q_{T1}PH5-2的等位基因对表型的作用方向是相反的。

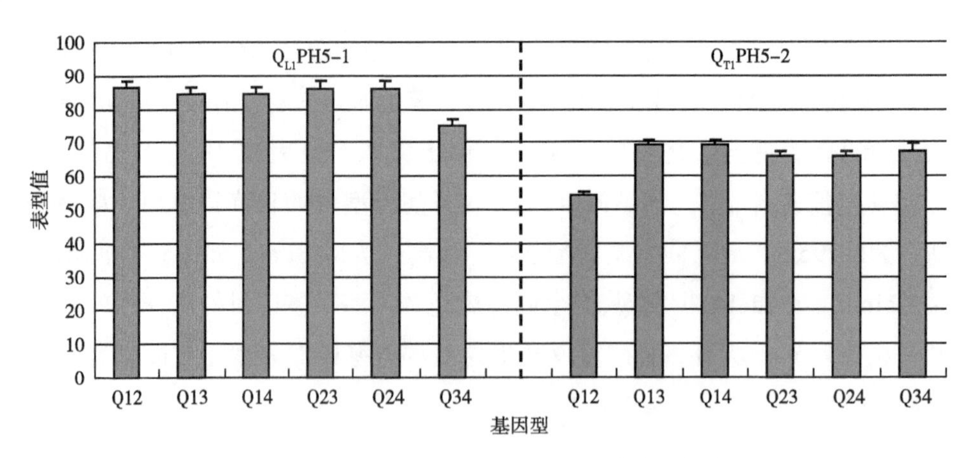

图5-11　Q_{L1}PH5-1、Q_{T1}PH5-2基因型影响株高的变化

Fig. 5-11　The impact of Q_{L1}PH5-1、Q_{T1}PH5-2 to plant height

在第7染色体上只检测到一个QTL，命名为Q_{T2}PH7-1。与标记afctt1紧密连锁，能够解释11.3%的表型变异，最大LOD值为3.4，等于90%置信条件下的LOD值（3.4）。Q_{T2}PH7-1对株高的影响如图5-12所示，Q34的株高最大，Q23值最小，且不携带标记afctt1的基因型表型值大于携带标记afctt1的基因型表型值，Q12基因型与剩余基因型间表型差异不显著。

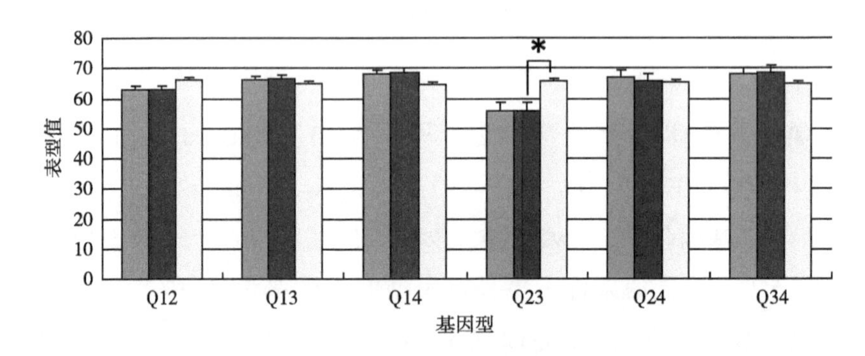

图5-12　Q_{T2}PH7-1基因型影响株高的变化

Fig. 5-12　The impact of Q_{T2}PH7-1 to plant height

注：灰色为Q_{T2}PH7-1在不同基因型间的表型值；黑色为携带标记afctt1的基因型表型值；白色为不携带标记afctt1的基因型表型值

Note: The Gray is the phenotypic value of Q_{T2}PH7-1 in different genotypes; black is the phenotypic value of carrying marker afctt1; white is genotype phenotype without marker afctt1

在第8染色体只发现一个QTL与株高相关，命名为Q_{T1}PH8-1，位于52cM处，介于标记al82和mtic489之间，最大LOD值为2.7>2.6（90%置信条件下），对表型的贡献率为36.3%，优良等位基因由父本提供。

5.3.3 产量关联分析

共检测到19个产量QTL位点，其中母本13个（图5-13A），父本6个（图5-13B）。对连锁群上2个以上的QTL位点进行了分析。

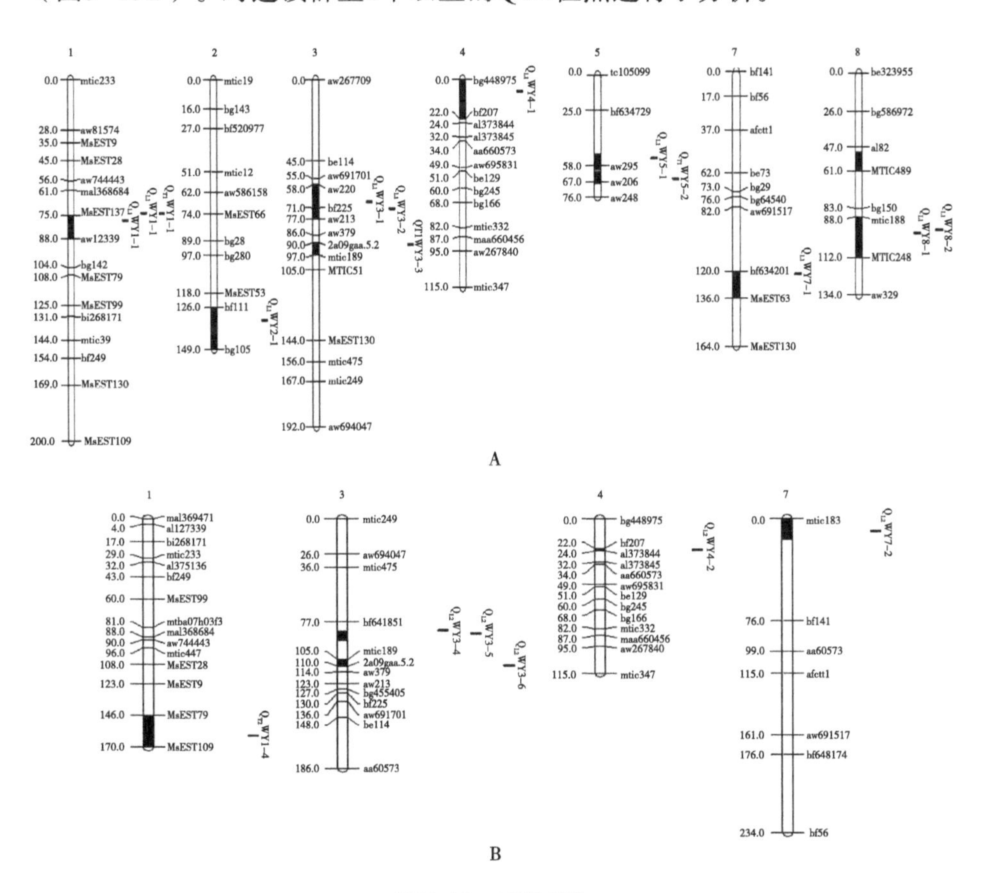

图5-13 产量QTL

Fig. 5-13 QTL for weight

在第1染色体上共定位到4个与产量相关的QTL，分别命名为Q_{L1}WY1-1、Q_{L1}WY1-2、Q_{T1}WY1-3和Q_{T2}WY1-4。Q_{L1}WY1-1位于第1

染色体的78cM处，在标记msest137和aw12339之间，对表型的贡献率为49.0%，最大LOD值为11.9，远远大于95%置信条件下的LOD值3.35。

表5-2 不同基因型影响产量的变化

Tab. 5-2 The impact of different genotype to weight

基因型	Q_{L1}WY1-1	Q_{L1}WY1-2	Q_{T1}WY1-3	Q_{T2}WY1-4
	产量（g）±标准误	产量（g）±标准误	产量（g）±标准误	产量（g）±标准误
Q12	2 936 ± 107	910 ± 36	76.8 ± 4.0	70.4 ± 6.5
Q13	1 495 ± 450	377 ± 22.9	31.3 ± 2.7	68.5 ± 5.3
Q14	1 495 ± 450	377 ± 22.9	31.3 ± 2.7	68.5 ± 5.3
Q23	3 050 ± 139	940 ± 53	76.4 ± 5.9	91.7 ± 6.6
Q24	3 050 ± 139	940 ± 53	76.4 ± 5.9	91.7 ± 6.6
Q34	1 288 ± 163	494 ± 64	32.7 ± 1.62	58.4 ± 6.1
C1	2 843 ± 140	891 ± 42	75.1 ± 4.3	68.1 ± 3.4
C2	3 003 ± 70	924 ± 26	76.7 ± 2.8	85 ± 3.9
C3	1 370 ± 103	527 ± 38	53.7 ± 5.3	70 ± 3.7
C4	1 370 ± 103	527 ± 38	53.7 ± 5.3	70 ± 3.7

注：黑色字体表示在P<0.01下，与其他基因型存在显著差异

Note: The black fonts indicate significant differences between$P$<0.01 and other genotypes

Q_{L1}WY1-1对表型的作用效应如表5-2所示，Q34的产量最低为1 288g，Q23、Q24的产量最高为3 050g，Q23=Q24>Q13=Q14，由此推断在同源染色体1、2上对表型作用为正效应，同源染色体3、4上对表型为负作用。Q_{L1}WY1-2位于第1染色体的74cM处，最高峰时的LOD值为7.8>3.37（95%置信条件下），能够解释28.6%的表型变异。Q_{L1}WY1-2在不同基因型中的表现为Q12产量最高为910g，其次是Q23=Q24=940g>Q13=Q14=377g，Q34为494g，这一结果与simple model分析高度一致，在simple model分析表明来自同源染色体2的后代（携带Q_{L1}WY1-2）产量均显著提高，由此说明其对表型的作用为正效应。Q_{T1}WY1-3在第1染色体上的位点与Q_{L1}WY1-2相同，在该位点上最高峰时的LOD值为3.3>3.21（95%置信条件下），对表型的贡献率为12.7%，优

良等位基因来源父本。Q_{T1}WY1-3在不同基因型中的变化趋势与Q_{L1}WY1-2完全一致，由此可推断其可能是同一个QTL。

Q_{T2}WY1-4在第1染色体的162cM处，与标记MsEST109（含有3个等位基因）相距8cM，对表型的贡献率为14.7%，最大LOD值为3.1。通过full model和simple model分析表明，Q_{T2}WY1-4不同基因型间产量变化趋势与前3个QTL基本一致，Q23=Q24>Q12>Q13=Q14>Q34，同样为来自同源染色体2的后代基因型对表型的作用效果最显著。因此，通过上述研究结果，可推断在第1染色体的同源染色体2上一定存在一个或多个等位基因位点，参与调控产量性状的变化，其作用主要是显性正效应。

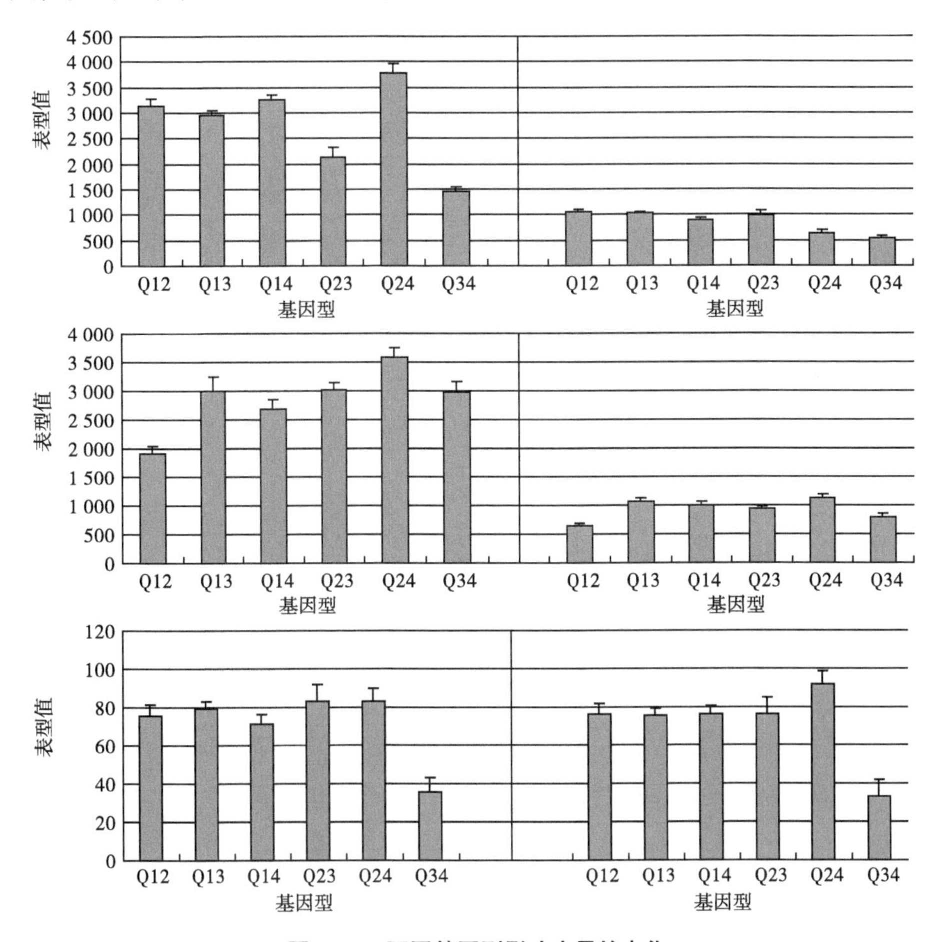

图5-14　不同基因型影响产量的变化

Fig. 5-14　The impact of different genotype to weight

在第3染色体上共检测到6个与产量相关的QTL，分别命名为Q_{L1}WY3-1、Q_{L1}WY3-2、Q_{T1}WY3-3、Q_{L2}WY3-4、Q_{L2}WY3-5和Q_{L2}WY3-6。其中Q_{L1}WY3-1被定位在第3染色体的68cM处，最大LOD值为13.8>4.74（95%置信条件下），能够解释62.4%的表型变异，优良等位基因来源父本。Q_{L1}WY3-1在不同基因型的表型变化如图5-14所示，Q34最小为1 452g，Q24基因型最大为3 783g，剩余基因型的大小顺序为Q14>Q12>Q13>Q23，由此可发现Q_{L1}WY3-1对表型的作用并不能只通过简单的显性来解释，可能还存在一定的加性效应。Q_{L1}WY3-2位于第3染色体的72cM处，对表型的贡献率为43.3%，最大LOD值为9.2>4.2（95%置信条件下），优良等位基因来源父本。Q_{L1}WY3-2在不同基因型中对表型的影响如图5-14所示，其中Q34表型值最小为545g，Q12的产量值最大为1 051g，其余基因型的大小顺序为Q13>Q23>Q14>Q24。Q_{T1}WY3-3被定位在染色体的92cM处，对表型的贡献率为17.3%，最大LOD值为4.1，优良等位基因也来自父本。Q_{L2}WY3-4、Q_{L2}WY3-5被定位在标记bf641851和mtic189之间的84cM处、86cM处，分别能够解释33.1%、31.5%的表型变异。通过full model和simple model分析发现基因型Q12的表型值最低，Q24最大，Q23>Q34>Q13>Q14，由此说明在同源染色体3、4上对表型的作用为正效应，而在同源染色体1、2上对表型的作用为负效应。

Q_{L2}WY3-6位于第3染色体的110cM处，与标记2a09.gaa.5-2紧密连锁，能够解释15.5%的表型变异，最大LOD值为4.3。Q_{L2}WY3-6在不同基因型间的表型变化如图5-14所示，Q24>Q14>Q23>Q12>Q13>Q34，由此可以推断在同源染色体3、4上对表型的作用为负效应，而在同源染色体1、2上则为正效应。simple model分析结果显示4个同源染色体间差异不显著，这在一定程度上说明Q_{L2}WY3-6可能存在一定的加性效应。

第4染色体上共发现2个QTL与产量性状相关，分别命名为Q_{L1}WY4-1、Q_{L2}WY4-2。Q_{L1}WY4-1在第4染色体的4cM处，与干重、鲜重性状相关，对表型的贡献率为35.2%，最大LOD值为9.8。Q_{L1}WY4-1在不同基因型间的表现见图5-15，基因型Q34均表现最小，

Q23=Q24>Q12>Q13=Q14，由此推断在同源染色体3、4上对表型的作用为负效应，在同源染色体1、2上为正效应。Q_{L2}WY4-2在第4染色体的24cM处，对表型的贡献率为26.1%，与标记al373844紧密连锁。

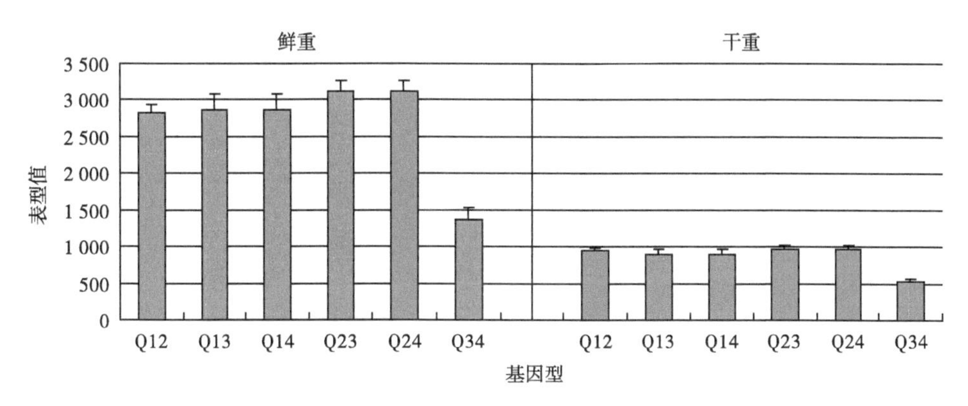

图5-15 不同基因型影响产量的变化

Fig. 5-13 The impact of different genotype to weight

第5染色体上共检测到2个QTL与产量相关，分别命名为Q_{L1}WY5-1、Q_{L1}WY5-2。Q_{L1}WY5-1位于54cM处，与标记aw295紧密连锁，最大LOD值为7.1，能够解释19.0%的表型变异，优良等位基因来源父本，通过full model和simple model分析，发现不同基因型间的产量以Q34最小为1 828g，产量值最高的基因型是Q23/Q24（图5-16），由此表明，Q_{L1}WY5-1在同源染色体3、4上对表型的效应为负向，而在同源染色体1、2上对表型的效应为正向。Q_{L1}WY5-2位于第5染色体的60cM处，同样在标记aw295附近，最大LOD值为5.4>2.19（95%置信条件下），对表型的贡献率为13.0%，通过full model和simple model分析，结果表明基因型Q34的产量最低，仅656g，其他5个基因型的表型值均高于900g，通过此结果可以推断出在同源染色体3、4上等位基因位点对表型的影响是负向的，而在同源染色体1、2上的等位基因位点可显著提高表型值，作用方向为正向的。

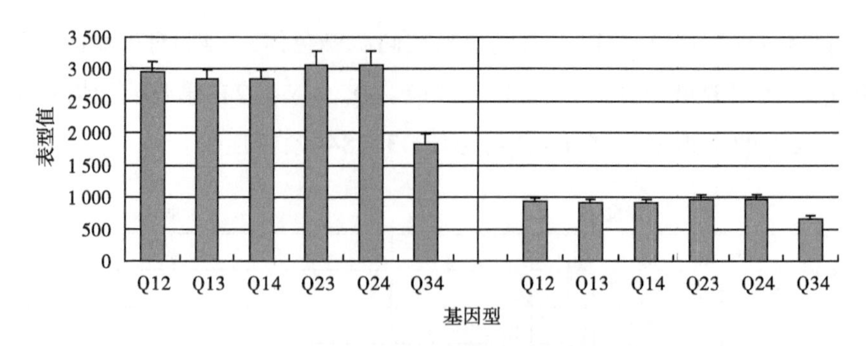

图5-16 不同基因型影响产量的变化

Fig. 5-16 The impact of different genotype to weight

第7染色体上共发现2个QTL与产量相关，分别命名为Q_{T1}WY7-1、Q_{L2}WY7-2。Q_{T1}WY7-1位于7染色体的122cM处，最大LOD值为5.5>4.98（95%），与标记bf634201紧密连锁，对表型的贡献率为36.9%，优良等位基因来源于父本。通过full model和simple model分析，基因型Q23其表型值最大，为341.8g，而Q24表型值最小，为106.7g，且4条同源染色体间的后代基因型差异不显著，由此可见，Q_{T1}WY7-1对表型的作用并不能通过简单的显性效应进行解释，可能还存在更为复杂的加性效应或上位性效应。Q_{L2}WY7-2被定位在第7染色体的10cM处，与标记mtic183紧密连锁，能够解释9.8%的表型变异，最大LOD值3.5>3.4（90%置信条件下），优良等位基因来自母本。Q_{L2}WY7-2对表型的影响与Q_{T1}WY7-1趋势基本一致，Q24>Q14>Q23>Q13>Q34>Q12，如图5-17所示。

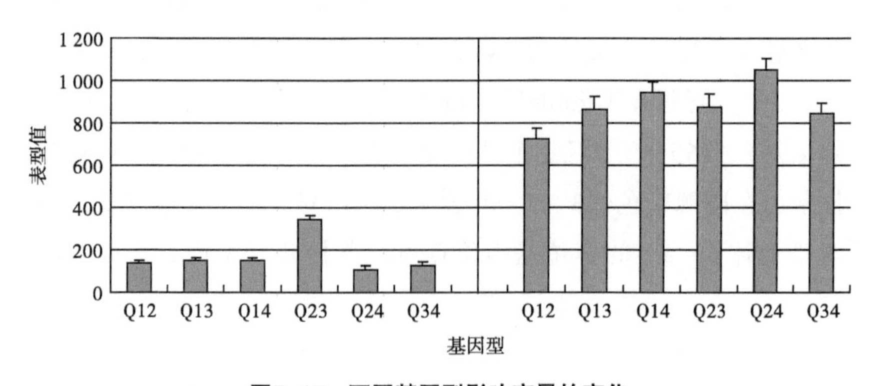

图5-17 不同基因型影响产量的变化

Fig. 5-17 The impact of different genotype to weight

在第8染色体上共发现2个与产量相关的QTL，分别命名为Q_{L1}WY8-1、Q_{L1}WY8-2。Q_{L1}WY8-1在第8染色体的98cM处，在标记mtic188和mtic135之间，最大LOD值为3.5>4.07（95%置信条件下），能够解释20.2%的表型变异，通过full model和simple model分析，结果表明，基因型Q34的表型值最小为1 712g，基因型Q13=Q14表型值是3 113g>Q12=2 901g，由此可推断出在同源染色体3、4上的等位基因位点对表型的作用为负效应，而同源染色体1、2上等位基因位点对表型的作用为正效应。Q_{L1}WY8-2在第8染色体的96cM处，最大LOD值为3.8，明显高于95%置信条件下的LOD值3.01，对表型的贡献率是17.6%，优良等位基因由父本提供。Q_{L1}WY8-2对表型的影响见图5-18，不同基因型的大小顺序为Q13=Q14>Q12>Q23=Q24>34，在同源染色体3、4上等位基因位点对表型的作用为负效应，在同源染色体1、2上等位基因位点对表型的作用为正效应。

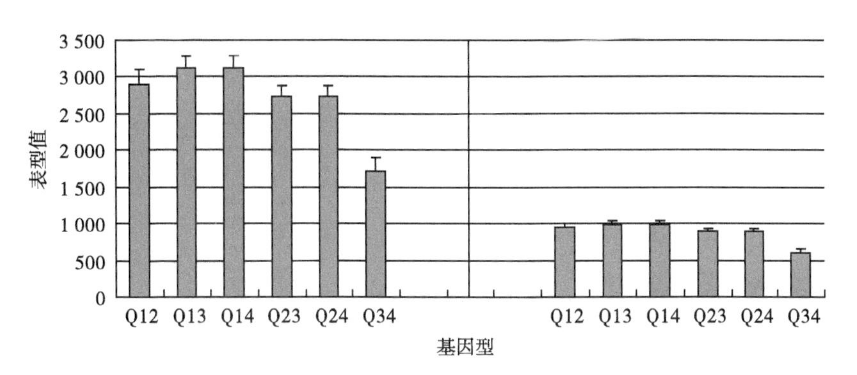

图5-18 不同基因型影响产量的变化

Fig. 5-18 The impact of different genotype to weight

5.3.4 节间长关联分析

共检测到5个节间长QTL位点，均来自母本（图5-19）。对连锁群上的QTL位点进行了分析。

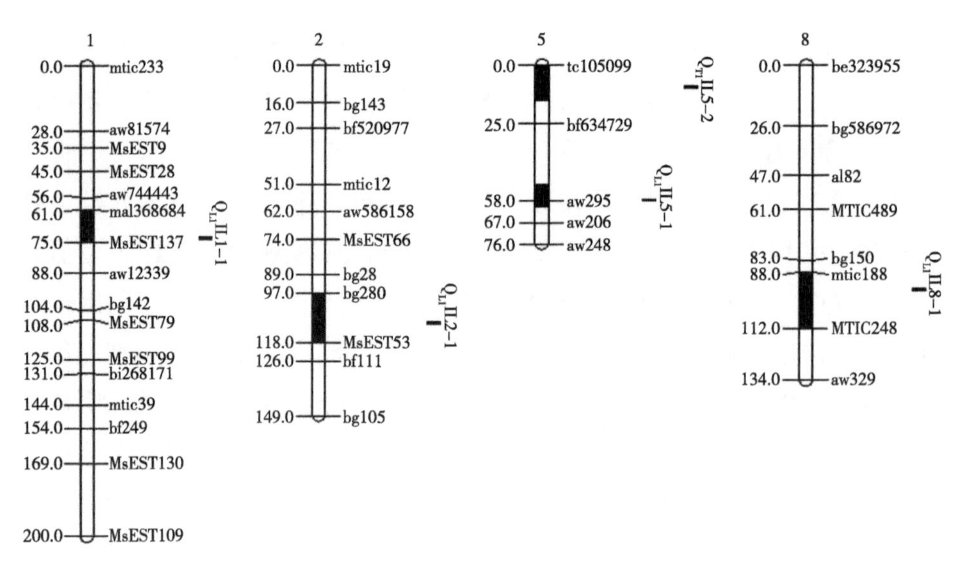

图5-19 节间长QTL

Fig. 5-19 QTL for length of internode

与节间长相关的QTL，分别命名为Q_{L1}IL1-1、Q_{L2}IL2-1、Q_{L1}IL5-1、Q_{T1}IL5-2及Q_{L1}IL8-1。Q_{L1}IL1-1位于第1染色体的74cM处，与标记msest137紧密连锁，最大LOD值为3.4>4.12（95%置信条件下），能够解释16.5%的表型变异，优良等位基因来自父本。通过full model和simple model分析，结果表明在同源染色体2上，携带msest137基因型的节间长明显高于不携带标记msest137基因型的节间长（图5-20、图5-21）。通过图示可推断Q_{L1}IL1-1在同源染色体1、2上对表型有正向效应，而在第3、4同源染色体上对表型为负向作用。

Q_{L1}IL2-1位于在第2染色体上的标记bg280和msest53之间，对表型的贡献率为12.98%，最大LOD值为3.0>2.78（90%置信条件下），优良等位基因由母本提供。Q_{L2}IL2-1对表型的影响见图5-22、图5-23，基因型Q34（qq）最小，为12.6cm，Q12（QQ）最大，为15.5cm，由此可以推断出在同源染色体1、2上对表型的作用为正效应，而在同源染色体3、4上对表型的作用为负效应。

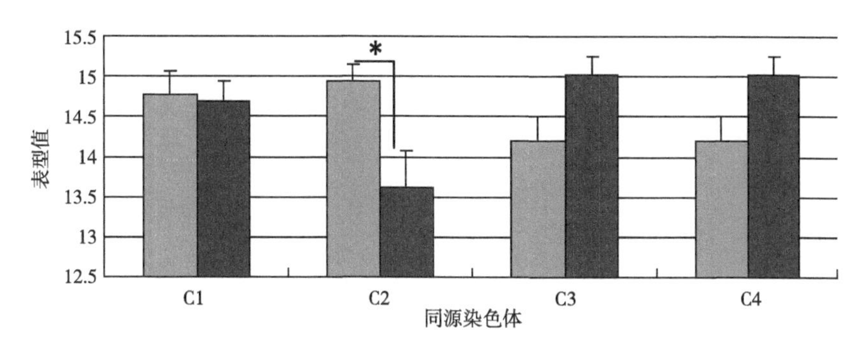

图5-20　第1染色体不同基因型影响节间长的变化

Fig. 5-20　The impact of different genotype in chromosome 1 to internode length

注：灰色为携带标记msest137的基因型表型值；黑色为不携带标记msest137的基因型表型值

Note：The Gray is the genotype phenotype with marker msest137；black is genotype phenotype without marker msest137

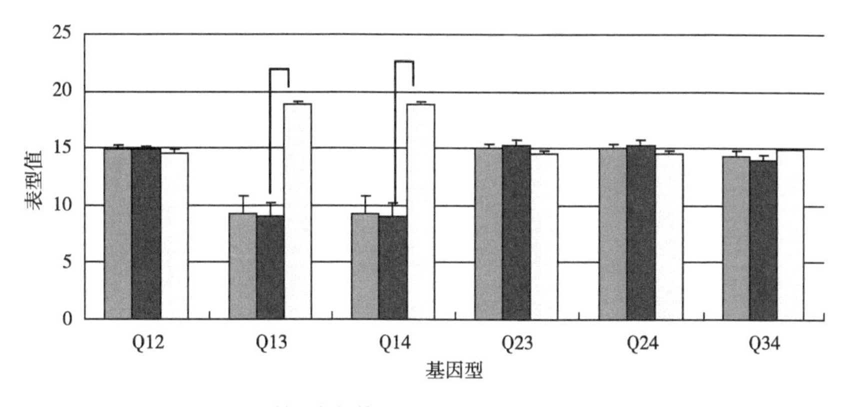

图5-21　第1染色体上Q_{L1}IL1-1基因型的表型变化

Fig. 5-21　Phenotypic changes of the Q_{L1}IL1-1 genotype on chromosome first

注：灰色为Q_{L1}IL1-1基因型表型；黑色为携带标记msest137的基因型表型值；白色为不携带标记msest137的基因型表型值

Note：The Gray is Q_{L1}IL1-1 genotype phenotype；black is the genotype phenotype value of carrying marker msest137；white is genotype phenotype without marker msest137

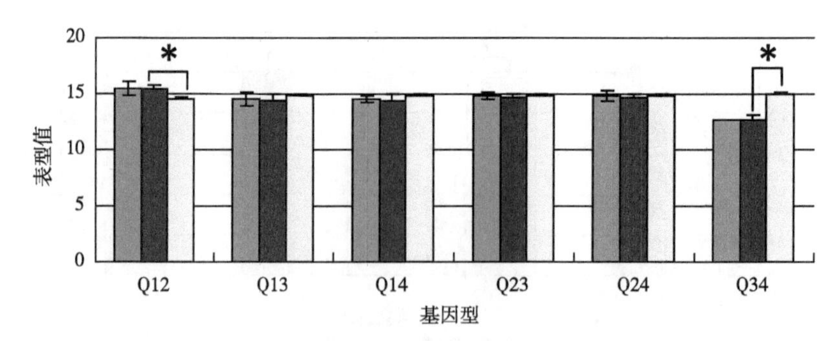

图5-22　第2染色体不同基因型影响节间长的变化

Fig. 5-22　The impact of different genotype in chromosome 2 to internode length

注：灰色为Q_{L2}IL2-1基因型表型；黑色为携带标记msest53的基因型表型值；白色为不携带标记msest53的基因型表型值

Note：The Gray is Q_{L2}IL2-1 genotype phenotype；black is the genotype phenotype value of carrying marker msest53；white is genotype phenotype without marker msest53

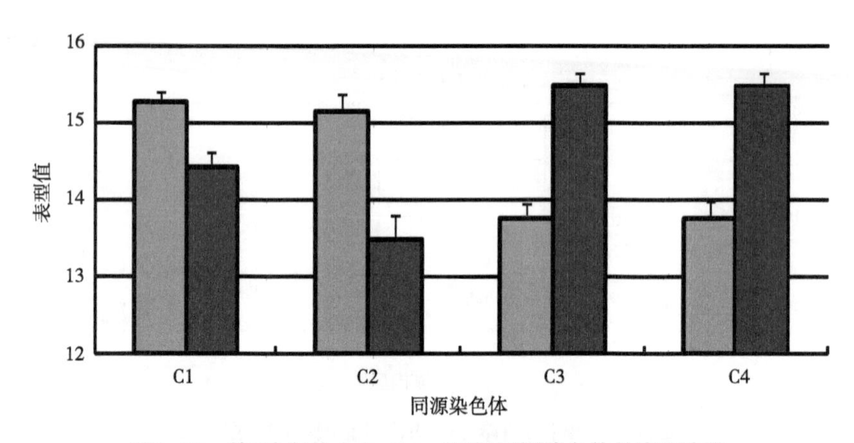

图5-23　第2染色体上Q_{L2}IL2-1不同同源染色体的表型变化

Fig. 5-23　Phenotypic changes of Q_{L2}IL2-1 with different homologous chromosomes on chromosome second

注：灰色携带标记msest53的基因型表型值；黑色为不携带标记msest53的基因型表型值

Note：The Gray carries the genotype phenotype value of marker msest53；black is the genotype phenotype value without marker msest53

Q_{L1}IL5-1、Q_{T1}IL5-2均在第5染色体上被检测到。Q_{L1}IL5-1与标记

aw295紧密连锁，最大LOD值为3.6，对表型的贡献率为7.4%。优良等位基因来源父本。Q_{L1}IL5-1对表型的影响如图5-24所示，simple model分析结果表明同源染色体2、3、4对表型的影响较为显著，且同源染色体2上的等位基因位点对表型值为正效应，同源染色体3、4上的等位基因位点对表型的影响为负效应，full model的分析结果也证实了这一结论，如Q34的节间长显著小于其他5个基因型，仅为13.9cm，Q12、Q23、Q24的节间长相对较大，均大于15cm。Q_{T1}IL5-2被定位在第5染色体的10cM处，与标记tc105099紧密连锁，最大LOD值高达20.3，远远大于95%置信条件下的LOD值2.11，能够解释67%的表型变异。Q_{T1}IL5-2表型的影响见图5-25，Q12的表型值最大，节间长为10.8cm，其他5个基因型的表型值均在5~6cm，差异并不显著，Q34的节间长最小，仅为5.3cm。

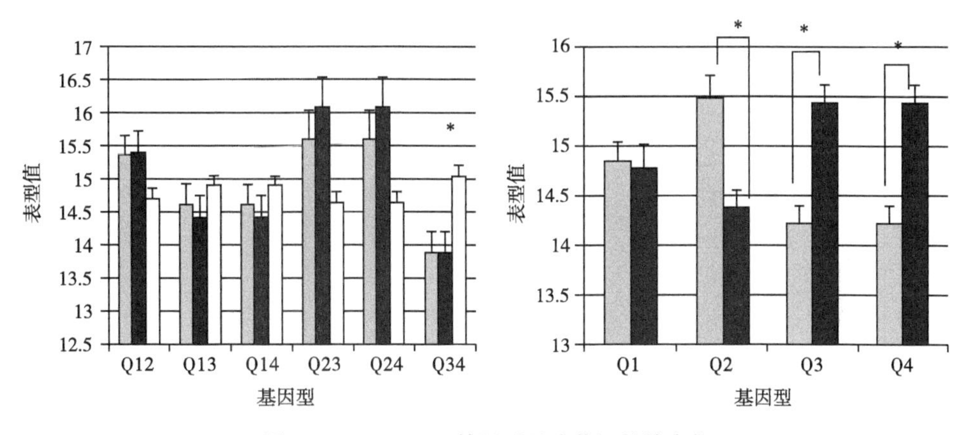

图5-24　Q_{L1}IL5-1基因型影响节间长的变化

Fig. 5-24　The impact of Q_{L1}IL5-1 to internode length

注：左图灰色为Q_{L1}IL5-1基因型表型值，黑色为携带标记aw295的基因型表型值，白色为不携带标记aw295的基因型表型值；右图灰色为携带标记aw295的基因型表型值，黑色为不携带标记aw295的基因型表型值

Note: The gray is Q_{L1}IL5-1 genotype phenotype, black labeled aw295, white genotype phenotype marker aw295 values do not carry in the left-hand image; the gray genotype phenotype with marker aw295, black genotype phenotype marker aw295 values do not carry in the right-hand image

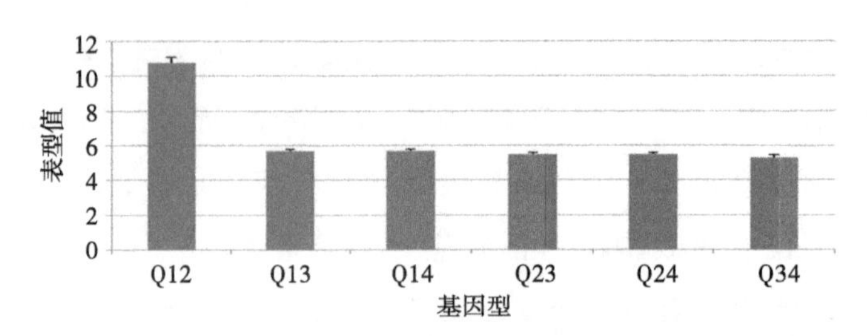

图5-25　Q_{T1}IL5-2基因型影响节间长的变化

Fig. 5-25　The impact of Q_{T1}IL5-2 to internode length

在第8染色体上检测到1个与节间长相关的QTL，位于96cM处，命名为Q_{L1}IL8-1。Q_{L1}IL8-1能够解释9.2%的表型变异，最大LOD值为2.9，优良等位基因来源于父本。其对表型的作用如图5-26所示，基因型Q12（QQ）的节间长最大，15.6cm，Q34（qq）的节间长最小，13.57cm，这说明基因作用方式以显性效应为主，同源染色体1、2上对表型的作用为正效应，而同源染色体3、4上对表型的作用为负效应。

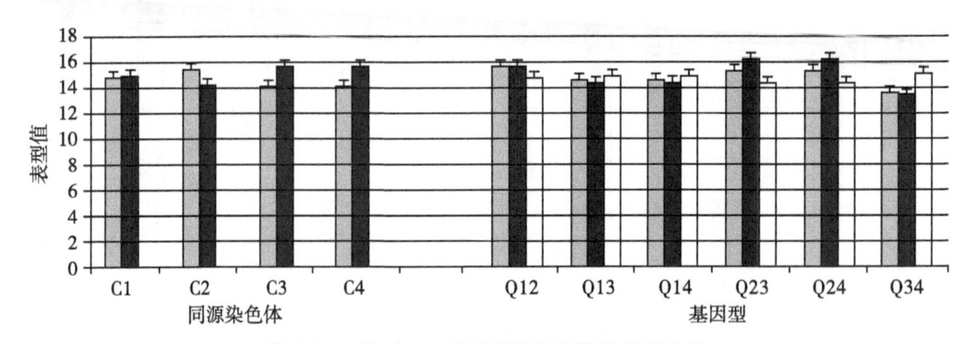

图5-26　Q_{L1}IL8-1基因型影响节间长的变化

Fig. 5-26　The impact of Q_{L1}IL8-1 to internode length

注：灰色为Q_{L1}IL8-1基因型表型值，黑色为携带标记mtic188的基因型表型值，白色为不携带标记mtic188的基因型表型值

Note：The gray is Q_{L1}IL8-1 genotype phenotype；black is the genotype phenotype value of carrying marker mtic188;white is genotype phenotype without marker mtic188

5.3.5　茎粗关联分析

共检测到3个茎粗QTL位点，其中母本2个（图5-27A），父本1个（图5-27B）。对连锁群上的QTL位点进行了分析。

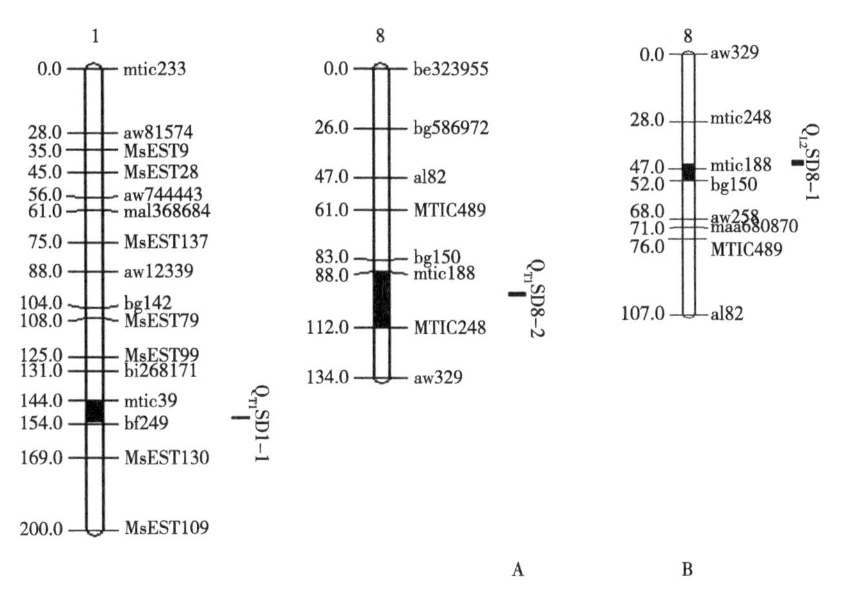

图5-27　茎粗QTL

Fig. 5-27　QTL for stem diameter

3个QTL分别命名为Q_{T1}SD1-1、Q_{L2}SD8-1、Q_{T1}SD8-2。Q_{T1}SD1-1在第1染色体上，与标记bf249紧密连锁，能够解释22.0%的表型变异，最大LOD值为4.7，优良等位基因来自父本。通过full model和simple model分析，结果表明6个不同基因型的表型存在较大差异，其中Q12的表型值最小（2.8cm），基因型Q34的茎粗值最大，为3.2cm，由此表明Q_{T1}SD1-1基因作用方式以显性效应为主，在同源染色体1、2上对表型为负效应，同源染色体3、4上对表型为正效应（图5-28）。

Q_{L2}SD8-1、Q_{T1}SD8-2均被定位在第8染色体上。Q_{L2}SD8-1位于第8染色体的46cM处，与标记bg150紧密连锁，最大LOD值为3.18>3.0（90%），对表型的贡献率为14.1%，优良等位基因来源于母本。Q_{T1}SD8-2位于第8染色体的98cM处，在标记mtic188和mtic248之间，对表型的贡献率为15.2%，最大LOD值为2.6>2.48（90%），优良等位基因来源父本，对表型的作用如图5-23所示，Q12>Q13=Q14>Q23=Q24>Q34，由此表明同源染色体1、2对表型为正向作用，同源染色体3、4对表型为负向作用（图5-29）。

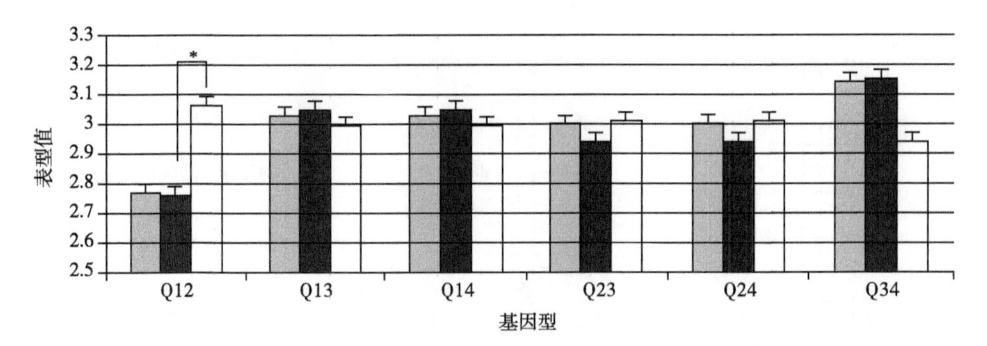

图5-28　Q_{T1}SD1-1基因型影响直径的变化

Fig. 5-28　The impact of Q_{T1}SD1-1 to diameter

注：灰色为Q_{T1}SD1-1基因型表型；黑色为携带标记bf249的基因型表型值；白色为不携带标记bf249的基因型表型值

Note：The Gray is Q_{T1}SD1-1 genotype phenotype；black is the phenotypic value of carrying marker bf249；white is genotype phenotype without marker bf249

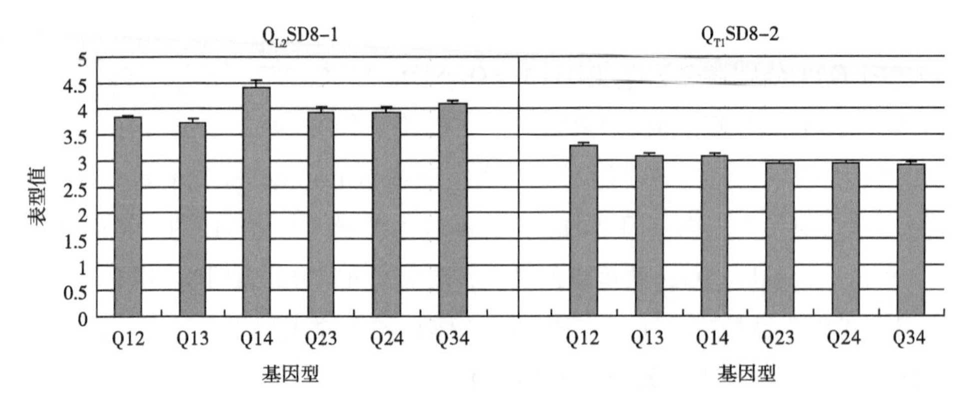

图5-29　不同基因型影响直径的变化

Fig. 5-29　The impact of different genotype to diameter

5.3.6　开花期关联分析

共检测到6个与开花性状相关的QTL，分别命名为Q_{L1}FT1-1、Q_{L1}FT3-1、Q_{L1}FT3-2、Q_{L2}FT4-1、Q_{L1}FT5-1和Q_{L1}FT5-2。其中母本4

个（图5-30A），父本2个（图5-30B）。对连锁群上的QTL位点进行了分析。

Q_{L1}FT1-1位于第1染色体的74cM处，与标记msest137紧密连锁，最大的LOD值为7.84>7.0（95%置信条件下），能够解释24%的表型变异，优良等位基因由父本提供。Q_{L1}FT1-1对表型的影响如图5-31所示，Q13、Q14、Q34的开花性状与Q12、Q23、Q24差异显著，由此推断在同源染色体3、4上含有1对显性基因调控苜蓿的开花性状，而在同源染色体1、2上等位基因是1对隐性基因，对开花性状起负调控作用，延迟苜蓿开花时间，且同源染色体2上的表型差异显著。

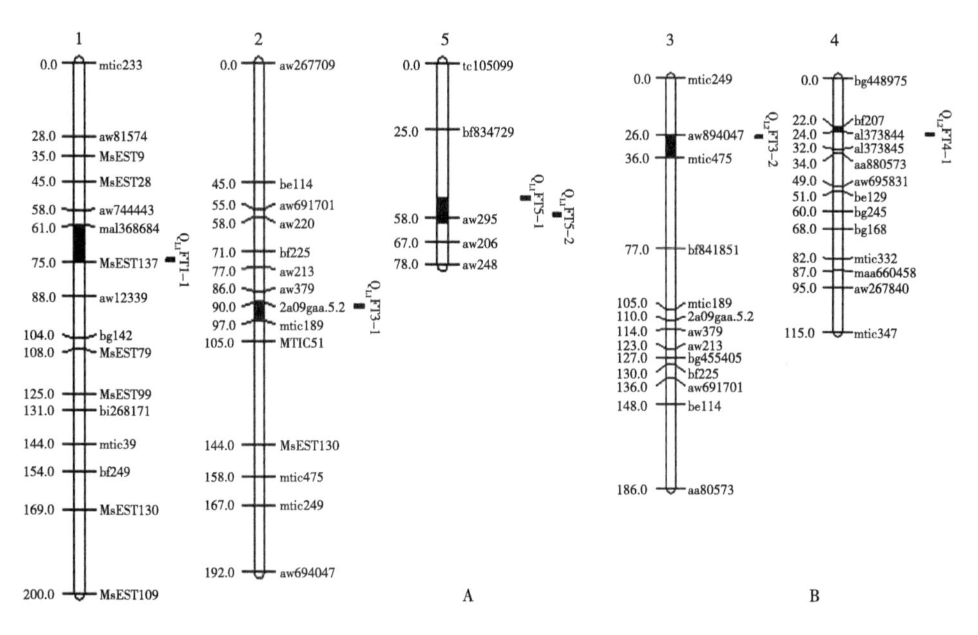

图5-30　开花期QTL

Fig. 5-30　QTL for flowering date

Q_{L1}FT3-1位于第3染色体的92cM处，与2a09.gaa5-2标记紧密连锁，最大LOD值为7.87>6.67（95%置信条件下），能够解释39.5%的表型变异，优良等位基因来源于父本。由图5-32可知，Q34的表型与其他基因型明显不同（属于未开花类型），Q12等其他5个基因型开花性状并没有太大差异，属于现蕾未开花或者开花类型，由此可推断出在同源染色体3、

4上可能含有1对显性基因调控开花性状，延迟开花时间，而在同源染色体1、2上可能存在1对隐性基因。Q_{L2}FT3-2位于第3染色体的28cM处，与aw694047标记紧密连锁，最大LOD值为7.7>6.85（95%置信条件下），对表型的贡献率为34.3%，优良等位基因来源母本（图5-33）。

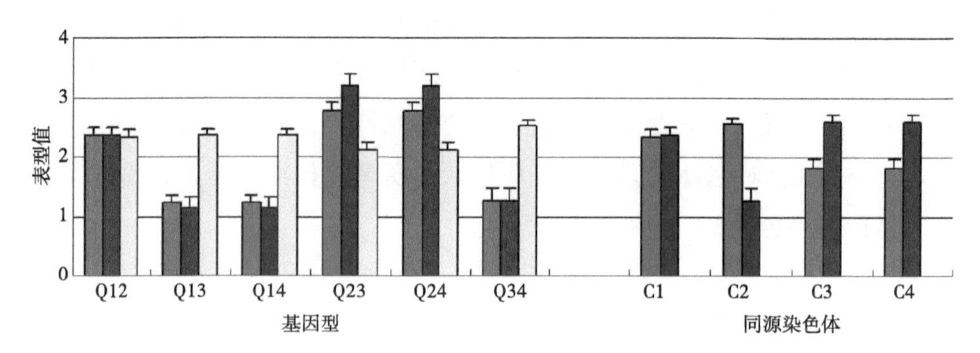

图5-31　第1染色体Q_{L1}FT1-1影响花期的变化

Fig. 5-31　The impact of Q_{L1}FT1-1 in chromosome 1 to flowering changes

注：灰色为Q_{L1}FT1-1基因型表型；黑色为携带标记msmest137的基因型表型值；白色为不携带标记msmest53、bf111的基因型表型值

Note: The Gray is Q_{L1}FT1-1 genotype phenotype; black is the genotype phenotype value of carrying marker msmest137; white is genotype phenotype value without marker msmest53 and bf111

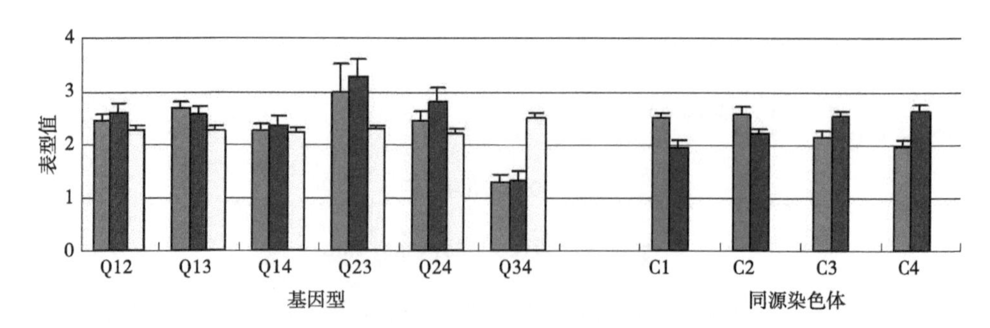

图5-32　第3染色体Q_{L1}FT3-1影响花期的变化

Fig. 5-32　The impact of Q_{L1}FT3-1 in chromosome 3 to flowering changes

注：灰色为Q_{L1}FT3-1基因型表型；黑色为携带标记2a09.gaa5-2的基因型表型值；白色为不携带标记2a09.gaa5-2的基因型表型值

Note：The gray is Q_{L1}FT3–1 genotype phenotype；black is the genotype phenotype value of carrying marker 2a09.gaa5–2；white is genotype phenotype without marker 2a09.gaa5–2

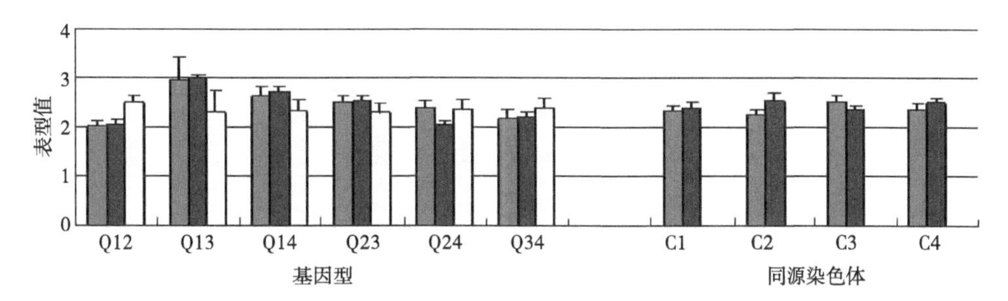

图5–33　第3染色体Q_{L2}FT3–2影响花期的变化

Fig. 5–33　The impact of Q_{L2}FT3–2 in chromosome 3 to flowering changes

注：灰色为Q_{L2}FT3–2基因型表型；黑色为携带标记aw694047的基因型表型值；白色为不携带标记aw694047的基因型表型值

Note：The gray is Q_{L2}FT3–2 genotype phenotype；black is the genotype phenotype value of carrying marker aw694047；white is genotype phenotype without marker aw694047

Q_{L2}FT4–1位于第4染色体的24cM处，与标记al373844紧密连锁，最大LOD值为4.4>4.16（95%置信条件下），能够解释21.1%的表型变异，优良等位基因来源父本。Q_{L2}FT4–1对表型的影响如图5–34所示，与Q_{L1}FT3–1相比，Q_{L2}FT4–1的6个基因型的表型值均大于Q_{L1}FT3–1，但差异并不显著，说明它们的开花性状是在现蕾未开花或开花类型间变化。

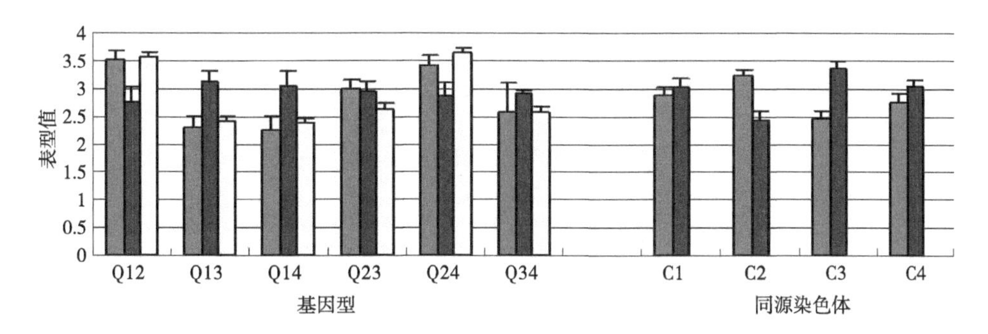

图5–34　第4染色体Q_{L2}FT4–1影响花期的变化

Fig. 5–34　The impact of Q_{L2}FT4–1 in chromosome 4 to flowering changes

注：灰色为Q_{L2}FT4-1基因型表型；黑色为携带标记al373844的基因型表型值；白色为不携带标记al373844的基因型表型值

Note：The gray is Q_{L2}FT4-1 genotype phenotype；black is the genotype phenotype value of carrying marker al373844；white is genotype phenotype without marker al373844

在第5染色体上检测到2个与开花相关的QTL，分别为Q_{L1}FT5-1、Q_{L1}FT5-2。Q_{L1}FT5-1位于父本遗传连锁图谱第5染色体的52cM处，与标记aw295相距6cM，最大LOD值为3.2>1.92（95%置信条件下），对表型的贡献率为7.5%。Q_{L1}FT5-2被定位在父本遗传连锁图谱第5染色体的58cM处，与标记aw295紧密连锁，最大LOD值为3.2>2.7（95%置信条件下），对表型的贡献率为6.3%。Q_{L1}FT5-1与Q_{L1}FT5-2仅相距6cM，优良等位基因均来自父本，由此推断它们可能是同一个QTL。对表型的影响如图5-35所示，Q34均为最小值，属于未开花类型，而其他5个基因型间差异并不显著，为现蕾未开花或开花类型，说明在同源染色体3、4上可能含有1对显性基因调控开花性状，对开花性状起延迟作用，而在同源染色体1、2上可能存在1对隐性基因。Q12基因型的表型值与Q13、Q14、Q23、Q24等差异并不显著，说明它们的开花性状可能属于同一类型。

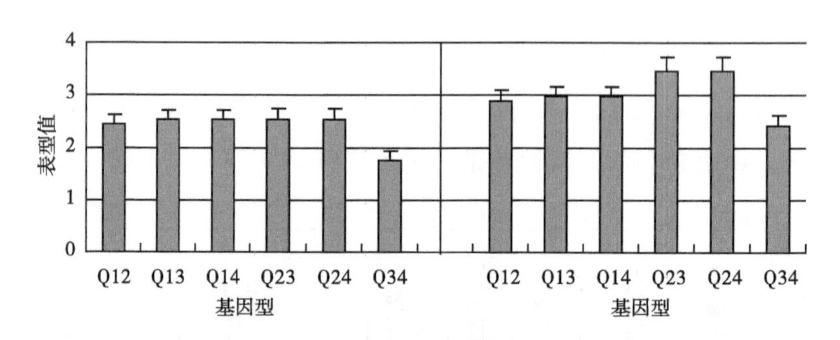

图5-35 第5染色体不同基因型影响节间长的变化

Fig. 5-35 The impact of different genotype in chromosome 5 to internode length

5.4 本章小结

利用SSR分子标记作为基因型数据，产量、株高、分枝数、节间

长、茎粗和花期6个性状作为表型数据，进行数量性状关联分析（QTL定位）。共定位到59个QTL位点，覆盖7个连锁群，其中定位到产量相关QTL位点19个，分枝数相关QTL位点14个，株高相关QTL位点12个，开花期相关QTL位点6个，节间长相关QTL位点5个，茎粗相关QTL位点3个。产量、分枝数和株高性状QTL位点在1号、2号、3号、4号、5号、7号、8号连锁群上均有分布，花期相关QTL位点分布在1号、3号、4号、5号连锁群，节间长相关QTL位点分布在1号、2号、5号、8号连锁群，茎粗相关QTL位点分布在1号和8号连锁群。

6 讨论与结论

6.1 讨论

6.1.1 影响紫花苜蓿产量的主要农艺性状及遗传力差异

产量是紫花苜蓿育种家最关注的性状之一。而解析分枝数、株高等产量构成因素以及分枝直径、主茎节数、平均节间长、茎叶比等性状的遗传特性及其与产量的关系对于苜蓿遗传改良具有重要的指导意义（杨伟光等，2015）。魏微等（2009）以杂交紫花苜蓿产生的F_1代和F_2代为试验材料，研究发现各性状变异系数大小依次为干重>分枝数>株高>叶长>叶宽，并且在F_1代和F_2代存在一致性。魏婉玲等（2010）采用通径分析对苜蓿产量变化进行研究得出，分枝数、株高和单个枝条重量与产量的相关关系达到极显著水平，其中分枝数和株高对产量起主要影响作用，而单个枝条重量主要通过间接作用影响产量。贾瑞等（2015）以杂交F_1代紫花苜蓿为材料，研究发现影响生产价值最大的因子是单株分枝数、干鲜比和粗蛋白。分枝数是反映产量变化的关键指标，草产量和分枝数存在正相关关系，通过合理密植能够促进分枝数的增加，从而增加产量（Monirifar等，2011；王雯玥等，2010；岳彦红等，2012）。株高也是影响单株干重的主要因素（Popovic等，2007）。高永革等（2008）研究发现，株高的变化趋势和产量一致，而且品质和株高也存在相关性。王彦华等（2010）以14个紫花苜蓿品种为材料，研究表明苜蓿的干物质产量和株高间存在显著的正相

关，利用株高差异变化可以对产量进行有效预测。分枝直径的增加对干物质产量的提高有很大促进作用，是因为其茎组织纤维素含量的影响。茎粗比较大的品种更适合作为优势品种进行利用（Li等，2011）。

本研究以杂交F_1群体为材料，连续2年对产量，产量构成因素包括分枝数、株高和茎粗、节间长、主茎节数、茎叶比等性状进行了测定。研究表明，一是在通州、廊坊2个环境条件下，分枝数与鲜重、干重呈极显著的正相关性且相关系数最大。二是株高与鲜重、干重间相关性也较强。同时还发现茎粗也与各性状间呈极显著正相关，且均与株高的相关性最强。以上结果与以往的研究报道相同，再次表明在高产苜蓿新品种选育过程中，应重点关注分枝数、株高和茎粗3个指标。此外，其他因素对产量也有一定的影响。例如，王雯玥等（2010）对多叶型和三叶型苜蓿的研究结果认为，茎叶比降低能够促进产量的增加。而在本试验中，茎叶比与鲜重和干重呈正相关，但是未达到显著水平。

遗传率是揭示遗传变异和非遗传变异相对重要性的关键指标，是重要的遗传和育种参数。通常认为，在相同环境条件下不同性状遗传率的高低相对稳定。株高、生育期等性状的遗传率较高，粒重、籽粒品质性状遗传率中等，而产量性状遗传率一般较低（孔繁玲，2005）。目前，关于紫花苜蓿产量与产量构成因素的遗传特性已有相关报道。在杂种优势研究方面，刘荣霞等（2009）以紫花苜蓿和黄花苜蓿杂交F_1代为研究材料，利用不同分子标记对亲本间的遗传多样性和杂种优势进行了分析，结果表明，F_1代植株在生物量、节间数、叶型、主茎长等指标上表现出较强的杂种优势。杨伟光等（2015）利用紫花苜蓿杂交F_1代为试验材料，发现单株干重、分枝数、株高、茎叶比等性状均表现出杂种优势。而贾瑞等（2015）对15个杂交组合产生的F_1代单株进行生物学性状测定，发现杂交后代在产量和品质方面表现出显著差异，同时亲本间的一般配合力和特殊配合力存在一定的相关性。

在产量等性状的遗传力研究方面，Segovia-Lerma（2004）等采用双列杂交方法研究了北美苜蓿品种主要的9份种质资源杂种优势，结果表

明，杂种变异主要来自一般配合力，但特殊配合力效应也达到显著水平。其中，种质African、Chilean和Peruvian一般配合力估值是正的，Ladak、*M. falcata*和*M. varia*的估值为负的。Robins等（2007）对紫花苜蓿F_1群体的研究发现，环境因素导致的变异可解释表型变异的13%～36%，产量性状的广义遗传力和遗传系数较高。Singh（1978）研究报道，显性和上位性的互作是导致紫花苜蓿产量和产量构成要素变异的主要因素。Bhandari等（2007）对9份高产苜蓿材料在产量上的遗传配合力和杂种优势的研究发现，高产的苜蓿种质杂交种产量较高，一般配合力和特殊配合力均达到显著水平，一般配合力是特殊配合力的2倍以上；其中5个杂交种表现了显著的正的特殊配合力，表明特殊配合力对产量性状的重要作用。Riday和Brummer（2005）对100份黄花苜蓿与4份紫花苜蓿材料的测交检测结果表明，第1茬的狭义遗传力最低为0.12，而第2茬、第3茬次的狭义遗传力分别提高到0.31和0.33，年产量的狭义遗传力为0.31；利用亲本第1茬的产量不能预测后代的产量，在第2茬和第3茬时仍然需要对亲本进行选择。

本研究通过对152个F_1代单株的不同农艺性状进行了2年的田间试验，遗传分析发现目标性状的遗传力差异较大，变化范围是20%～98%。其中，茎色、叶型、茎叶比、主茎节数的遗传力较大，均在90%以上。而分枝数、产量、株高、茎粗、节间长等性状的遗传力较小，其中产量的遗传力为67%，株高的遗传力60.3%，分枝数最小仅为20%。这表明分枝数、株高及产量等性状除了受遗传因素影响外，还较易受环境的影响。方差分析结果表明，分枝数、产量、节间长、茎粗、株高5个性状与环境均存在显著的互作作用，这与遗传力的分析结果是一致的。

6.1.2　遗传模型分析及受环境的影响

数量性状的主-多基因遗传体系是通过统计学方法来初步揭示复杂性状的遗传变异基础。随着分子生物学等新兴学科的发展，通过QTL定位与分析发现，大多数数量性状遗传表现为主基因和多基因混合遗传模式，即控制数量性状遗传的基因其效应大小彼此不同，且随环境的变化而变化。

其中，遗传效应大的基因表现出主基因特性，效应小的基因表现微基因特性。因此，许多学者开始对数量性状由主基因和多基因控制的混合遗传模型进行基础和应用研究。Shoukri和Mclanchlan（1994）把混合遗传用于人类家系血管数据的遗传分析，发现在舒张压和收缩压的变异中，均存在1个主基因位点，主基因的变异解释了总变异的73%和42%。在玉米和大豆等主要作物研究方面，王金社等（2013）以大豆回交自交系为试验材料进行IECM算法分析，结果发现大豆的抗虫特性由4对主效基因控制。詹秋文等（2001—2002）采用主-多基因混合遗传模型，研究了大豆对食叶性害虫和斜纹叶蛾单一虫害的抗性，结果发现均表现为1对或2对主基因+多基因的遗传。罗庆云等（2004）研究了栽培大豆耐盐性的遗传规律，其规律符合加性-显性-上位性多基因遗传模式。石明亮（2012）、向道权（2001）等对玉米的产量性状遗传特性进行研究发现，其轴粗性状、穗总重性状由2对加性-显性-上位性基因控制，其中以主基因为主。而玉米的行粒数和千粒重受1对显性基因控制。此外，Wang等（2013）对玉米6世代群体材料的碳代谢相关性状进行遗传分析发现，其叶绿素含量、净光合速率和SPS活性酶均受2个主基因控制，主基因和多基因共同控制净光合速率，而叶绿素含量和SPS活性主要受2个主基因控制，净光合速率、叶绿素含量和SPS活性的遗传力分别为41%、56.2%和75.7%。马雪霞等（2008）对亚洲棉$F_{2:3}$代家系进行主多基因分析发现，铃重和单株铃重的最适遗传模型为2对主基因遗传模型。此外，范术丽（2006）通过对短季棉早熟及其相关性状的主-多基因综合分析发现，主基因普遍存在，各时期至少有1对主基因起主要作用，同时受多基因的修饰，在短季棉发育的不同时期，其主基因的对数、作用效果、方向以及主基因、多基因的遗传率均不同。除现蕾期和株高性状外，各性状主基因的遗传效应和遗传率均高于多基因。在分析软件研发方面，刘冰等（2013）研制出能够同时分析11个遗传模型的软件包。通过AIC（Akaike's information criterion）值最小原则对候选模型进行筛选，并进一步进行适合性检验，从而确定最适遗传模型。根据最适遗传模型的结果进行遗传参数估计，并通过不同遗传参数和遗传

率结果对候选模型进行综合分析。

目前，在牧草特别是苜蓿遗传学的研究中，利用主多基因进行表型性状分析的研究还鲜有报道。本研究利用表型数据分析和主-多基因模型对苜蓿产量相关农艺性状的遗传机理进行了初步研究。总的来看，茎粗和茎叶比两个性状在2014年和2015年的数据结果具有一致性。其中，茎粗性状的最适遗传模型为2MG-ADI，该遗传模型在不同年份分别具有最小的AIC值，同时主基因遗传率在2014年和2015年分别为93.24%和34.32%，因此可推断茎粗性状由2对主效基因控制。茎叶比性状的最适遗传模型为2MG-ADI，该遗传模型在不同年份分别具有最小的AIC值，同时主基因遗传率在2014年和2015年分别为71.61%和32.68%，显示苜蓿的茎叶比由2对主效基因控制。另外，干重、分枝数和株高在不同试验年份具有不同的最适遗传模型。其中，干重2014年2MG-ADI模型的主基因遗传率为95.9%，而2015年2MG-EA模型的主基因遗传率仅为5.88%。同样的，分枝数2014年2MG-ADI模型的主基因遗传率为92.76%，而2015年2MG-EEAD模型的主基因遗传率仅为25%。结果表明，干重和分枝数不仅仅是由2个主效基因决定的，而且受环境影响作用较大，主基因解释的表型变异信息在不同环境中差别较大。因此，需要进一步的试验验证才能明确干重和分枝数的遗传变异基础。株高2014年2MG-AED模型的主基因遗传率为90.7%，略低于最适遗传模型2MG-ADI的97.6%，2015年2MG-AED模型的主基因遗传率为57.25%。因此，两年试验结果的株高最适遗传模型存在一定的相似点，2MG-AED可作为候选或最适遗传模型，显示株高受2对主基因控制。

采用不同的遗传模型分析方法对紫花苜蓿农艺性状的遗传特点进行分析，如主多基因分析方法更多的作用能够在分析初期对不同性状有一个初步了解，结合QTL定位等技术找出分析各性状间的相关性，可为目标性状的间接选择提供依据。例如，刘莹（2005）和郑永城（2006）等在研究大豆耐逆性和油脂含量及其组分的遗传时发现，其为1对、2对或3对主基因+多基因的遗传，其结果与检测主效QTL定位结果一致，两者得到了相互验证。本试验的主要目的是将主-多基因混合遗传模型分离分析法与遗传图

谱相结合，从宏观和微观两个角度深入揭示苜蓿农艺性状的遗传特性、主效QTL数量及其效应，两者互相印证，从而保证最终试验结果的准确性和可信度。

6.1.3 分子标记在紫花苜蓿遗传图谱构建上的应用

构建高密度的遗传图谱是苜蓿基因挖掘的重要研究内容之一。近年，得益于测序成本的降低和四倍体遗传作图方法的改进，为研究紫花苜蓿数量性状的遗传机制和QTL定位奠定了良好的技术基础（Christine，2013）。构建一个高标准的连锁图一般要求染色体上的遗传标记平均距离为20cM，QTL定位的遗传标记距离为10～20cM或者更小。如Per等研究利用AFLP、SRAP、SSR标记构建了一个包含236个标记的双亲图谱，图谱总距离为1 497.6cM，共14个连锁群，标记间平均距离为6.34cM。Bernadette Julier等（2003）利用107个SSR标记构建了1个苜蓿四倍体图谱，标记平均间距为6.6cM，与其二倍体遗传连锁图谱相比，标记在染色体上的顺序基本一致。利用GBS测序技术检测SNP标记比传统的SSR标记和RFLP标记能够获得更多的多态性位点，构建更高密度的连锁图谱。在紫花苜蓿研究中，Li等（2014）利用GBS技术首次将384个F_1代单株进行测序，并获得2张高密度连锁图，该图谱和蒺藜苜蓿基因组有很高的共线性。因此利用GBS技术构建连锁图谱具有现实可行性。

本研究分别利用SSR分子标记和SNP标记构建了紫花苜蓿遗传图谱。根据苜蓿公用图谱的8个连锁群上的引物信息，利用176对SSR引物构建了一个四倍体遗传连锁图谱，SSR标记与公共图谱上的信息基本上是一一对应的，双亲遗传图谱分别包含79个、78个SSR标记，遗传标记平均间距分别为15.4cM、14.8cM，除第6、第7染色体上有部分标记间距离>50cM外，其他标记分布相对均匀，较适合进行QTL定位。本研究利用该方法对152个F_1代单株进行测序，获得大量多态性SNP位点，利用这些SNP位点构建了2张高密度连锁图谱。参考McCallum等（2016）对同源四倍体越橘的研究方法，设置不同的筛选条件，最终获得960个用于构建连锁图谱的

SNP位点，在父母本上分别具有484个和476个多态性位点，因此利用GBS测序方法可以深入研究同源四倍体植物。但是由于测序深度的问题，GBS技术并不能检测等位基因剂量问题，因此本研究排除了共显性分离的位点，最终只计算显隐性位点信息。

设置不同的筛选条件会导致大量SNP位点信息的缺失，比如设置缺失值10%的条件之后，仅有14.8%的SNP位点被保留下来，这和McCallum等（2016）的研究结果具有一致性。这种结果可能是由于同源多倍体、DNA测序质量、无参考基因组信息等原因导致的，由于同源多倍体和二倍体相比会有更多的变异信息，因此检测位点至少出现5次以上才被认为是有效SNP位点。去除缺失值之后得到的7 604个SNP标记中，用于父本作图的SNP位点有484个（6.4%），用于母本作图的SNP位点有476个（6.3%）。虽然仅有少部分SNP位点用来进行遗传图谱构建，但这和前人研究结果是一致的（Guajardo等，2015）。由于测序技术的限制，等位基因剂量问题不容易被测定（McCallum等，2016）。在紫花苜蓿研究中，Rocher等（2015）发现在所有多态性位点中，仅有23%的多态性位点具有明确的基因型。但是由于测序深度的问题，并不能区分等位基因的剂量，因此无法按照四倍体分离方式区分不同基因型。此外群体大小也是一个限制因素，由于只有152个单株进行基因型测序，因此很多位点的连锁情况并不能完全反映真实结果，需要后续试验用更大群体进行验证。

在图谱构建软件使用方面，TetraploidMap一般对SSR、AFLP标记进行分析，利用SNP标记进行连锁图谱构建对于TetraploidMap来说数据量太大，会导致计算信息超载，无法进行有效计算（Hackett等，2007），因此本研究SSR连锁图谱构建使用TetraploidMap进行，SNP结果利用MapChart进行连锁图绘制。利用子代分离信息和测序信息，本研究同时绘制了遗传连锁图谱和物理图谱。从结果中可以看出不同绘图方式具有一定的差异性。父母本遗传图谱平均覆盖图距分别为499.16cM和471.18cM，而物理图谱平均覆盖图距分别为47.42Mb和46.83Mb。在水稻研究中，1cM平均对应258.5kb的物理距离。在多倍体小麦研究中，1cM对应118～22 000kb

不等（Gill等，1996a，1996b）。本研究结果表明1cM平均对应97.13kb的物理距离。

6.1.4 数量性状的表型与QTL位点之间的关系

利用表型信息和基因型信息进行关联分析是数量性状研究过程中的重要方法，根据关联分析结果能够获得不同表型性状的遗传信息，进而定位到控制性状的目的基因。利用SSR分子标记研究苜蓿数量性状的技术已经成熟，国内外存在大量的相关报道。例如Robins等（2010）对苜蓿自养能力进行研究得出9个和目的性状相关的QTL位点，分别定位在父本2号和4号连锁群，母本4号和8号连锁群。此外产量相关QTL位点在Robins等（2007）的研究中被定位到41个，并且大部分相关位点定位在第7号连锁群上。本研究对产量相关的5个性状和早熟相关的1个性状进行关联分析，定位到不同性状相关的QTL位点，这说明利用该方法进行QTL定位具有现实可行性。共定位到产量相关QTL位点19个，各QTL位点可以解释9.8%～62.4%的表型变异；分枝数相关QTL位点14个，各QTL位点可以解释10.2%～47%的表型变异；株高相关QTL位点12个，各QTL位点可以解释11.3%～36.3%的表型变异；开花期相关QTL位点6个，各QTL位点可以解释6.3%～39.5%的表型变异；节间长相关QTL位点5个，各QTL位点可以解释7.4%～67%的表型变异；茎粗相关QTL位点3个，各QTL位点可以解释14.1%～22%的表型变异。

不同性状间的表型相关则被认为是基因连锁或一因多效的结果，前人的研究结果表明，很多QTL可能存在一因多效或紧密连锁。QTL分析结果也显示很多相关性状的QTL常常存在于相同或相近的染色体片段上。本研究中表型性状分析结果表明，分枝数和株高与产量呈极显著的相关性，在QTL检测过程中发现与三者有关的QTL均位于1号、2号、3号、4号、5号、7号和8号连锁群上，且分枝数与产量QTL位点在母本的第2号、4号和5号连锁群上位置相同，株高与产量位点在母本的第2号、3号、4号、5号、7号和8号连锁群上位置相同。开花期Q_{L1}FT1-1与节间长Q_{L1}IL1-1

均位于第1染色体的74cM处，与标记MsMEST137紧密连锁；开花期Q_{L1}FT5-1、Q_{L1}FT5-2与节间长Q_{L1}IL5-1均被定位在父本遗传连锁图谱第5染色体的58cM处，与标记aw295紧密连锁，这些结果充分证明了以上结论的正确性。Julier等（2007）研究发现，两个控制花期的基因（TFL1a和LD）在相邻的位置，性状的联合定位与遗传相关是一致的，花期与主茎的生长相关，花期QTL位点与主茎生长QTL位点靠近，与本研究的结果一致。

紫花苜蓿育种过程中，除重点选择产量性状外，还会对早熟相关性状进行研究，通过获得早熟相关性状的遗传信息，进而对培育早熟品种具有帮助。本研究结果表明开花期具有6个主效QTL位点，分别位于1号、3号、4号、5号染色体。而早熟相关性状茎粗和节间长分别具有3个和5个QTL位点，主要分布在1号和8号染色体。早熟相关性状相对于产量相关性状具有更少的QTL位点，这可能是控制早熟相关基因更少的原因（Hayama等，2003）。此外Julier等（2007）对蒺藜苜蓿进行研究得出，开花相关QTL位点主要存在于7号染色体，但是本研究并未在7号连锁群上得出相关QTL位点，这可能说明蒺藜苜蓿和紫花苜蓿存在一定的差异性。

数量性状除受主基因和微效多基因的控制外，还受环境条件的影响，表型表现为连续变异。基因与环境互作是影响数量性状的重要因素之一，因此在不同环境条件下检测到的QTL结果不尽相同。一般认为与环境互作的QTL，往往受环境影响较大，稳定性差，很难在不同环境中被检测到，在本试验中也存在这样的现象。本试验中绝大多数QTL均是在一个环境中被检测到的，这可能是由于相关性状的QTL与环境发生较强的互作效应导致的，从而影响QTL在不同环境中的检测结果，本试验中只检测到一个QTL在2个环境中均能稳定表达，对于这些能够在多环境下都表达的QTL，是今后分子标记辅助选择或图位克隆的候选染色体区域，将是今后研究和探讨的热点区域。

6.1.5　QTL的分布规律

在本研究中，利用两个差异较大的亲本进行杂交群体的构建，在廊

坊、通州2个环境条件下，对苜蓿的重要农艺性状进行QTL分析，研究发现有些QTL位点在多环境中能够稳定表达，如与产量相关的Q_{L1}WY1-2和Q_{T1}WY1-3，均位于第1染色体的74cM处，分别在廊坊和通州两地被检测到，优良等位基因来源于母本，对表型的贡献率>10%，因此可以认为是同一QTL。除此之外，还有Q_{L1}WY3-1和Q_{L1}WY3-2，均与产量相关，都位于第3染色体的标记bf225附近，能够解释的表型变异分别为62.4%、43.3%，优良等位基因也均来源于母本。Q_{L1}LS2-1和Q_{L2}LS2-2（与叶型相关）虽然也同时被定位在第2染色体的bf111附近，但是其优良等位基因分别来自父本和母本。第3染色体2a09.gaa.5-2的Q_{T1}WY3-3、Q_{L2}WY3-6与Q_{L1}LS2-1、Q_{L2}LS2-2情况类似，位置相同，但优良等位基因来自不同的亲本。

与其他研究结果相比，本研究有些QTL位点定位与已报道的QTL位点位于相同或相近的染色体区段，如刘曙娜（2013）利用$F_{2:3}$家系群体定位到5个与鲜重相关的QTL，1个与干重相关的QTL和1与分枝数相关的QTL（位于第5染色体上），与鲜重、干重相关的QTL位于第5、第2、第7、第8染色体，而本研究也在第5、第7、第8染色体区域检测到与产量相关的QTL。在第5染色体上检测到2个与分枝数相关的QTL。这些能够在不同遗传背景下检测到的染色体区域，说明其受遗传背景和环境影响较小，能够比较稳定遗传，为苜蓿相关性状的精细定位及分子标记辅助选择提供了可能。

许多研究表明，控制不同性状的QTL可定位在相同或相近的染色体区域，在本研究中也发现几个这样重要的染色体区段。如在第1染色体标记MsEST137附近包含了产量、株高、分枝数、节间长、叶型及开花等多个性状的QTL；第3染色体的2a09.gaa.5-2标记附近包含了产量、叶型、株高、开花和分枝数的QTL，类似情况还有第3染色体附近的mtic188、第5染色体的aw295等染色体区域。对于这种现象，很多研究者认为这可能是因为一因多效或者是控制不同性状的基因存在紧密连锁关系，也可以从遗传角度部分解释了相关性状间较高的相关性。

6.1.6 本研究的主要创新点

（1）综合利用SSR和SNP分子标记，基于紫花苜蓿杂交F_1作图群体，构建紫花苜蓿遗传连锁图谱，并重点围绕产量相关性状进行了QTL定位分析。

（2）将主-多基因混合遗传模型分离分析法与遗传图谱相结合，首次从宏观和微观2个角度深入揭示紫花苜蓿主要农艺性状的遗传特性、主效QTL数量及其效应，两者互相印证，体现了多学科交叉的优势。

6.1.7 需要进一步研究和解决的问题

（1）由于本研究中QTL定位主要利用SSR分子标记构建的遗传连锁图谱，存在标记数量不足和定位区间过大的问题。因此，应进一步采用最新的测序技术和遗传作图分析方法，增加分子标记的数量并构建高密度的遗传连锁图谱，为后续开展QTL精细定位和关联分析提供有力的理论基础。

（2）生态环境条件的差异是鉴别QTL的重要影响因素。因此，应进一步增加作图群体的观测点数量并持续开展多年多点的田间试验，探索分析环境因素与目标位点表达之间的内在关系，并寻找表达稳定的主效QTL位点。

（3）本试验的研究材料为人工创造的作图群体，所含优良目标基因有限。因此，应将富含基因资源的自然群体与作图群体相结合，提高优良基因的丰富程度。同时，两种材料的研究结果可以进行交互验证，从而进一步提高检测基因精度，更加有效地发掘优良基因。

6.2 结论

6.2.1 产量与农艺性状的相关性及最适遗传模型

紫花苜蓿杂交F_1代鲜重、干重、分枝数、株高、节间长、茎粗、主茎节数和茎叶比等产量相关农艺性状的频率分布符合正态分布。相关性分析表明在不同环境条件下，分枝数和株高与产量呈极显著的正相关性

（P<0.01），分枝数相关系数最大，节间长、茎粗与产量存在显著相关性（P<0.05），苜蓿产量的构成因子主要包括分枝数、株高、节间长及茎粗，这些性状的表型值增加可有效提高苜蓿的产量。

主要农艺性状的遗传力差异较大，茎色、叶型、茎叶比的遗传力均在90%以上。而分枝数、产量、株高、茎粗、节间长等性状的遗传力较小，其中分枝数最小，仅为20%。分枝数、株高及产量等性状除了受遗传因素影响外，与环境均存在显著的互作作用（P<0.05）。在不同环境条件下获得了茎粗的最适遗传模型为2MG-ADI，茎叶比的最适遗传模型为2MG-ADI，同时具有加性和上位性作用。干重、分枝数和株高在不同试验年份具有不同的最适遗传模型。

6.2.2 构建高密度遗传图谱

分别利用SSR分子标记和SNP分子标记构建了遗传图谱。利用四倍体专用分析软件Teraploidmap对176个SSR多态性标记进行了遗传连锁图谱构建。父本的遗传连锁图谱共包含79个多态性标记，分布在8个连锁群上，图谱总长为1 102cM，平均距离是13.95cM。母本遗传图谱共包含78个多态性标记，分布在8个连锁群上，基因组图谱总长1 148cM，平均间距14.72cM。不同连锁群上包含的标记位点2～16个，为QTL定位奠定了基础。

利用GBS技术开发的SNP标记，获得了960个用于构建连锁图谱的SNP标记，父母本标记分别为484个和476个。父本遗传连锁图谱覆盖图距3 993.3cM，两个标记间平均遗传图距为8.25cM；母本遗传连锁图谱覆盖图距3 769.4cM，两个标记间平均遗传图距为7.92cM。同时利用测序获得的SNP位点信息构建了物理图谱，父本平均每个染色体覆盖物理距离47.42Mb，平均2个标记间物理距离为0.78Mb；母本平均每个染色体覆盖物理距离46.83Mb，平均2个标记间物理距离为0.79Mb。

6.2.3 获得了贡献率较大的QTL位点

父母本共检测到的QTL总数目为59个，各QTL位点可以解释

6.3%～67%的表型变异。不均匀的分布在7个连锁群上，以产量、分枝数、株高等性状检测到的QTL数目最多，分别为19个、14个和12个，占QTL总数的76%，且大部分QTL均在单一环境中被检测到，并定位在染色体相同或相近区域内。比较分析2个地点的QTL定位结果，共检测到2对共有QTL，分别为与产量相关的Q_{L1}WY1-2和Q_{T1}WY1-3，位于第1染色体的74cM处；以及与开花期相关的Q_{L1}FT5-1和Q_{L1}FT5-1，位于第5染色体的58cM处，与标记aw295紧密连锁。这些基因组区段在其他研究中也有报道。利用分子标记辅助选择分枝数、株高、节间长有助于苜蓿的品种改良，与表型数据分析结果保持一致。

参考文献

毕波，王瑜，袁庆华，等. 2011. 苜蓿褐斑病抗性相关分子标记验证[J]. 草地学报，19（4）：663–667.

毕玉芬，车伟光，李季蓉. 2005. 利用RAPD技术研究弱秋眠性紫花苜蓿遗传多样性[J]. 作物学报，31（5）：647–652.

蔡丽艳，石凤翎，张福顺，等. 2010. 苜蓿杂种优势研究进展[J]. 中国草地学报，32（4）：92–97.

曹宏，章会玲，盖琼辉，等. 2011. 22个紫花苜蓿品种的引种试验和生产性能综合评价[J]. 草业学报，20（6）：219–229.

范术丽. 2006. 短季棉早熟性相关性状的遗传及其QTLs定位研究[D]. 北京：中国农业科学院.

付福友. 2007. 甘蓝型油菜遗传图谱的构建和品质相关性状的QTL分析[D]. 重庆：西南大学.

盖钧镒，章元明，王建康. 2003. 植物数量性状遗传体系[M]. 北京：科学出版社.

盖钧镒. 2000. QTL混合遗传模型扩展至2对主基因+多基因时的多世代联合分析[J]. 作物学报，26（4）：385–391.

耿华珠，吴永敷，曹致中. 1995. 中国苜蓿[M]. 北京：农业出版社.

何庆元，王吴斌，杨红燕，等. 2012. 利用SCoT标记分析不同秋眠型苜蓿的遗传多样性[J]. 草业学报，21（2）：133–140.

贾瑞. 2015. 不同紫花苜蓿杂交组合F_1代的生物学性状及配合力分析[D]. 吉林农业大学硕士论文.

刘荣霞. 2009. 杂花苜蓿杂种优势遗传分析[D]. 甘肃农业大学硕士论文.

刘曙娜，于林清，周延林，等. 2012. 利用RAPD技术构建四倍体苜蓿遗传连锁图谱[J]. 草业学报，21（1）：170–175.

刘莹. 2005. 大豆根区逆境耐性的鉴定和相关根系性状的遗传分析与QTL定位[D]. 南京：南京农业大学.
刘振虎，卢欣石，葛军. 2004. 遗传标记在苜蓿遗传多样性研究中的应用[J]. 草业科学，21（11）：26–30.
罗庆云、於丙军，刘友良，等. 2004. 栽培大豆耐盐性的主基因+多基因混合遗传分析[J]. 大豆科学，23（4）：239–244.
马雪霞，丁业掌，张天真，等. 2008. 亚洲棉纤维品质和产量性状的主基因与多基因遗传分析[J]. 植物遗传资源学报，9（2）：212–217.
牛小平. 2006. 紫花苜蓿新品种培育中的亲本繁殖特性测定及F_1代初步研究[D]. 杨凌：西北农林科技大学.
任羽，张银东，尹俊梅，等. 2008. 辣椒31个优良自交系的亲本类群分析[J]. 遗传，30（2）：237–245.
师尚礼，南丽丽，郭全恩. 2010. 中国苜蓿育种取得的成就及展望[J]. 植物遗传资源学报，11（1）：46–51.
苏东，于林清，周延林，等. 2011. 四倍体苜蓿家系的建立及遗传变异分析[J]. 草地学报，19（4）：657–662.
苏东. 2011. 四倍体苜蓿家系建立及QTL定位初步研究[D]. 呼和浩特：内蒙古大学.
王健康，盖钧镒. 1998. 数量性状主基因–多基因混合遗传的P_1、P_2、F_1、F_2和$F_{2:3}$的联合分析方法[J]. 作物学报，24（6）：651–659.
王金社，赵团结，盖钧镒. 2013. 回交自交系（BIL）群体4对主基因加多基因混合遗传模型分离分析方法的建立[J]. 作物学报，39（2）：198–206.
王雯玥，韩清芳，宗毓铮，等. 2010. 多叶型和三叶型紫花苜蓿产量与相关性状的回归分析[J]. 中国农业科学，43（14）：3 044–3 050.
王晓娟，孙月华，杨晓莉，等. 2008. 苜蓿遗传图谱构建及其应用[J]. 草业学报，17（3）：119–127.
王瑜，袁庆华，高建明. 2008. 苜蓿褐斑病抗性基因ISSR 标记研究[J]. 中国草地学报，30（3）：65–68.
王瑜，袁庆华，李向林，等. 2010. 与苜蓿褐斑病（CLS）抗性基因连锁的SRAP标记研究[J]. 中国农业科学，43（2）：438–442.
魏婉玲，程积民，高阳，等. 2010. 渭北旱塬区不同立地条件对紫花苜蓿产量的影响与通径分析[J]. 水土保持通报，30（5）：73–78.
魏微，毕玉芬，张凤仙. 2009. 地理远缘紫花苜蓿品种间杂交后代性状变异分析[J]. 草原与草坪（6）：1–4.
魏臻武. 2003. 苜蓿遗传多样性分子标记及其种质资源评价[D]. 兰州：甘肃农业大学.

向道权，黄烈健，曹永国，等. 2001. 玉米产量性状主基因-多基因遗传效应的初步研究[J]. 华北农学报，16（3）：1-5.

杨青川，韩建国. 2005. 紫花苜蓿耐盐分子标记的初步鉴定[J]. 中国草地学报，31（6）：52-58.

杨伟光，李红，毛小桃，等. 2015. 呼伦贝尔黄花苜蓿与紫花苜蓿杂交及优异单株选育研究[J]. 草原与草坪，35（1）：53-57.

云锦凤. 2001. 牧草及饲料作物育种学[M]. 北京：中国农业出版社.

詹秋文，盖钧镒，章元明，等. 2002. 大豆对食叶性害虫的抗性遗传[J]. 中国农业科学出版社，35（8）：1 016-1 020.

张 宇，于林清，慈忠玲. 2012. 利用SRAP标记研究紫花苜蓿和黄花苜蓿种质资源遗传多样性[J]. 中国草地学报，34（1）：72-76.

张瑞富，杨恒山，包宝君，等. 2010. 8个紫花苜蓿品种根系性状及其与草产量的相关分析[J]. 黑龙江畜牧兽医（17）：4-7.

周良彬，卢欣石，王铁梅，等. 2010. 杂花苜蓿种质SRAP标记遗传多样性研究[J]. 草地学报，18（4）：544-549.

A. H. Christine，M. Karen，J. B. Glenn. 2013. Linkage analysis and QTL mapping using SNP dosage data in a tetraploid potato mapping population[J]. PLOS ONE，8（5）：936-939.

A. Pecinka，W. Fang，M. Rehmsmeier，et al. 2011. Polyploidization increases meiotic recombination frequency in Arabidopsis[J]. BMC Biol，9：24.

A. Riaz，Li G，Z. Quresh，et al. 2001. Genetic diversity of oilseed Brassica napusinbred lines based on sequence-related amplified polymorphism and its relation to hybrid performance. Plant Breed，120：411-415.

A. Segovia-Lerma，L. W. Murray，M. S. Townsend et al. 2004. Population-based diallel analyses among nine historically recognized alfalfa germplasms[J]. Theoretical and Applied Genetics，109：1 568-1 575.

B. D. Paula Menna，M. Sophie Brune，D. Carolyne，et al. 2011. QTL analysis of seed germination and pre-emergence growth at extreme temperatures in Medicago truncatula[J]. Theor Appl Genet，122：429-444.

B. Narasimhamoorthy，J. H. Bouton，K. M. Olsen，et al. 2007. Quantitative trait loci and candidate gene mapping of aluminum tolerance in diploid alfalfa[J]. Theor Appl Genet，114（5）：901-913.

Bernadette Julier，Sandrine Flajoulot，Philippe Barre，et al. 2003. Construction of two genetic linkage maps in cultivated tetraploid alfalfa（*Medicago sativa*） using microsatellite and AFLP markers[J]. BMC Plant Biology, 3（9）: 1 471–1 489.

C. A. Hackett, Z. W. Luo. 2003. TetraploidMap: Construction of a linkage map in autotetraploid species[J]. Hered, 94: 358–359.

C. Scotti, F. Pupilli, S. Salvi, et al. 2000. Variation in vigour and in RFLP-estimated heterozygosity by selfing tetraploid alfalfa: new perspectives for the use of selfing in alfalfa breeding[J]. Theor Appl Genet, 101: 120–125.

D. J. Brouwer, T. C. Osborn. 1999. A molecular marker linkage map of tetraploid alfalfa（Medicago sativa L.）[J]. Theor Appl Genet, 99: 1 194–1 200.

D. L. Trudgill, A. Honek, D. Li, N. M. 2005. van Straalen. Thermal time-concepts and utility[J]. . Annals of Applied Biology, 146: 1–14.

D. Moreau, C. Salon, N. Munier-Jolain. 2006. Using a standard framework for the phenotypic analysis of Medicago truncatula: an effective method for characterising the plant material used for functional genomics approaches[J]. Plant, Cell & Environment, 29: 1 087 –1 098.

Dragan Milic, Slobodan Katic, Dura Karagic, et al. 2011. Genetic control of agronomic traits in alfalfa（M. sativa ssp. sativa L.）[J]. Euphytica, 182: 25–33.

E. Biazzi, N. Nazzicari, L. Pecetti, et al. 2017. Genome-wide association mapping and genomic selection for alfalfa（Medicago sativa）forage quality traits[J]. PloS one, 12（1）: e0169234.

E. C. Brummer, G. Kochert, J. H. Bouton. 1991. RFLP variation in diploid and tetraploid alfalfa[J]. Theor Appl Genet, 83: 89–96.

E. C. Brummer, H. B. Joseph, G. Kochert. 1993. Development of an RFLP map in diploid alfalfa[J]. Theor Appl Genet, 86: 329–332.

E. C. Brummer, M. M. Shah, D. Luth. 2000. Reexamining the relationship between fall dormancy and winter hardiness in alfalfa[J]. Crop Sci, 40: 971–977.

E. C. Brummer. 1999. Capturing heterosis in forage crop cultivar development[J]. Crop Sci. , 39: 943–954.

E. C. Brummer. 1992. Development of an RFLP map in diploid alfalfa[J]. Theor Appl Genet, 86: 329–332.

E. Jenczewski, J. M. Prosperi, J. Ronfort. 1999. Evidence for gene flow between wild and cultivated *Medicago sativa*（Leguminosae）based on allozyme markers andquantitative traits[J]. American Journal of Botany, 86（5）: 677–687.

F. Sandrine, R. Jo ë lle, B. Pierre, et al. 2005. Genetic diversity among alfalfa（*Medicago sativa*）cultivars coming from a breeding program, using SSR

markers[J]. Theoretical and Applied Genetics，111：1 420–1 429.

F. Tardieu. 2003. Virtual plants：modeling as a tool for the genomics of tolerance to water deficit[J]. Trends in Plant Science，8：9–14.

Fabrice Roux，Pascal Touzet1，Joël Cuguen et al. 2006. How to be early flowering：an evolutionary perspective[J]. Trends in Plant Science，11（8）：375–381.

G. A. Churchill，R. W. 1994. Doerge. Empirical threshold values for quantitative trait mapping[J]. Genetics，138：963–971.

G. Barcaeeia，N. Tosti，E. Falistoeeo，et al. 1995. Cytological morphological and molecular analyses of controlled progenies from meiotic mutants of alfalfa producing unreduced gametes[J]. Theor Appl Genet，91：1 008–1 015.

G. J. Vandemark，J. Ariss，G. A. Jbauchan，et al. 2006. Estimating genetic relationships among historical sources of alfalfa germplasmand selected cultivars with sequence related amplified polymorphisms[J]. Euphytica，152：9–16.

H. Budak，R. C. Shearman，I. Parmaksiz，et al. 2004. Comparative analysis of seeded and vegetative biotype buffalograsses based on phylogenetic relationship using ISSRs，SSRs，RAPDs，and SRAPs[J]. Theoretical and Applied Genetics，109：280–288.

H. Fufa，P. S. Baenziger，B. S. Beecher，et al. 2005. Comparison of phenotypic and molecular marker-based classifications of hard red winter wheat cultivars[J]. Euphytica，145：133–146.

H. Riday，E. C. Brummer. 2005. Heterosis in a Broad Range of Alfalfa Germplasm[J]. Crop Sci.，45：8–17.

H. S. Bhandari，C. A. Pierce，L. W. Murray et al. 2007. Combining Abilities and Heterosis for Forage Yield among High-Yielding Accessions of the Alfalfa Core Collection[J]. Crop Science，47：665–673.

Han Y，Kang Y，Torres-Jerez I，et al. 2011. Genome-wide SNP discovery in tetraploid alfalfa using 454 sequencing and high resolution melting analysis[J]. BMC genomics，12（1）：350.

J. Christian，E. M. Andress. 2009. Flowering time control and applications in plant breeding[J]. Trends in Plant Science，14（10）：563–573.

J. G. Robins，D. Luth，T. A. Campbell，et al. 2007. Genetic mapping of biomass production in tetraploid alfalfa[J]. Crop science，47（1）：1–10.

J. G. Robins，E. C. Brummer. 2010. QTL underlying self-fertility in tetraploid alfalfa[J]. Crop science，50（1）：143–149.

J. G. Robins, G. R. Bauchan, E. C. Brummer. 2007. Genetic Mapping Forage Yield, Plant Height, and Regrowth at Multiple Harvests in Tetraploid Alfalfa（L.） [J]. Crop science, 47（1）: 11–18.

J. J. Doyle, J. I. Doyle. 1990. Isolation of plant DNA from fresh tissue[J]. BRL Life Technologies: Focus, 12: 13–15.

J. M. Mackie, J. M. Musial, D. J. Armour, et al. 2007. IdentiWcation of QTL for reaction to three races of Colletotrichum trifolii and further analysis of inheritance of resistance in autotetraploid lucerne[J]. Theor Appl Genet, 114: 1 417–1 426.

J. M. Musial, J. M. Mackie, D. J. Armour, et al. 2007. IdentiWcation of QTL for resistance and susceptibility to Stagonospora meliloti in autotetraploid lucerne[J]. Theor Appl Genet, 114: 1 427–1 435.

J. M. Musial, K. F. Lowe, J. M. Mackie, et al. 2006. DNA markers linked to yield, yield components, and morphological traits in autotetraploid lucerne（*Medicago sativa* L.） [J]. Australian Journal of Agricultural Research, 57（7）: 801–810.

J. Maureira–Butler, J. A. Udall, T. C. Osborn. 2007. Analyses of a multi–parent population derived from two diverse alfalfa germplasms: testcross evaluations and phenotype–DNA associations[J]. Theor Appl Genet, 115: 859–867.

J. Yanowitz. 2010. Meiosis: making a break for it[J]. Current opinion in cell biology, 22（6）: 744–751.

Jean–Baptiste Pierre, Thierry Huguet, Philippe Barre, et al. 2008. Detection of QTLs for flowering date in three mapping populations of the model legume species Medicago truncatula[J]. Theor Appl Genet, 117: 609–620.

K. K. Kidwell, E. T. Bingham, D. R. Woodfield, et al. 1994. Relationships among genetic distance, forage yield and heterozygosity in isogenic diploid and tetraploid alfalfa populations[J]. Theor Appl Genet, 89: 323–328.

K. Mather. 1935. Reductional and equational separation of the chromosomes in bivalents and multivalents[J]. Genet, 30（1）: 53–78.

L. Brownfield, C. Köhler. 2011. Unreduced gamete formation in plants: mechanisms and prospects[J]. Exp. Bot, 62（5）: 1 659–1 668.

L. E. Luzdel Carmen, Bernadette Julier. 2013. QTL detection for forage quality and stem histology in four connected mapping populations of the model legume Medicago truncatula L[J]. Theor Appl Genet, 126: 497–509.

L. E. Luzdel Carmen, Thierry Huguet, Bernadette Julier. 2012. Multi–population QTL detection for aerial morphogenetic traits in the model legume Medicago truncatula[J].

Theor Appl Genet，124：739–754.

L. Wang，Z. Luo. 2012. Polyploidization increases meiotic recombination frequency in Arabidopsis：a close look at statistical modeling and data analysis[J]. BMC Biol，10：30.

Li G，C. F. Quiros. 2001. Sequence–related amplified polymorphism（SRAP），a new marker system based on a simple PCR reaction：Its application to mapping and gene tagging in Brassica[J]. Theoretical and Applied Genetics，103：455–461.

Li X，Han Y，Wei Y，et al. 2014. Development of an alfalfa SNP array and its use to evaluate patterns of population structure and linkage disequilibrium[J]. PLoS One，9（1）：e84329.

Li X，Wei Y，A. Acharya，et al. 2014b . A saturated genetic linkage map of autotetraploid alfalfa （*Medicago sativa* L.） developed using genotyping–by–sequencing is highly syntenous with the Medicago truncatula genome[J]. G3：Genes，Genomes，Genetics，4（10）：1 971–1 979.

Li X，Wei Y，K. J. Moore，et al. 2011. Association mapping of biomass yield and stem composition in a tetraploid alfalfa breeding population[J]. The Plant Genome，4（1）：24–35.

Liu X P，Yu L X. 2017. Genome–Wide Association Mapping of Loci Associated with Plant Growth and Forage Production under Salt Stress in Alfalfa （*Medicago sativa* L.）[J]. Frontiers in plant science，8.

Lu H，Lin T，J. Klein，et al. 2014. QTL–seq identifies an early flowering QTL located near Flowering Locus T in cucumber[J]. Theoretical and applied genetics，127（7）：1 491–1 499.

Lu Y，Yang X，Tong C，et al. 2012. A multivalent three–point linkage analysis model of autotetraploids[J]. Briefings in bioinformatics，14（4）：460–468.

M. A. Ashra. 2010. Inducing drought tolerance in plants：Recent advances[J]. Biotechnol Adv.，28，169–183.

M. Ashraf，N. A. Akram. 2009. Improving salinity tolerance of plants through conventional breeding and genetic engineering：an analytical comparison[J]. Biotechnol Adv.，27，744–752.

M. Ferriol，B. Pico，P. Cordova，et al. 2004. Molecular diversity of agermplasm collection of squash（Cucurbita moschata） determined by SRAP and AFLP markers[J]. Crop Science，44：653–664.

M. I. Ripol，G. A. Churchill，J. A. G. Silva，et al. 1999. Statistical aspescts of genetic mapping in autopolyploids[J]. Gen, 235: 31–41.

M. Jahufer, B. Barret, A. Griffiths, et al. 2003. DNA fingerprinting and genetic relationships among white clover cultivars[J]. In: J. Morton (Ed.), Proceedings of the New Zealand Grassland Association, 65, 163–169.

M. K. Felicitas, R. C. Bert, E. M. Thomas. 2002. An improved breeding strategy for autotetraploid alfalfa (*Medicago sativa* L) [J]. Euphytica, 123: 139–146.

M. K. Sledge, I. M. Ray, G. Jiang. 2005. An expressed sequence tag SSR map of tetraploid alfalfa (*Medicago sativa* L.) [J]. Theor Appl Genet, 111: 980–992.

M. Lichten and B. Massy. 2011. The impressionistic landscape of meiotic recombination[J]. Cell, 147 (2): 267–270.

M. M. Shoukri, G. J. Mclanchlan. 1994. Parametric estimation in a genetic mixture model with application to nuclear family data[J]. Biometrics, 50: 128–139.

M. Sakiroglu, E. C. Brummer. 2017. Identification of loci controlling forage yield and nutritive value in diploid alfalfa using GBS-GWAS[J]. Theoretical and Applied Genetics, 130 (2): 261–268.

Majid Talebi, Zahra Hajiahmadi1, Mehdi Rahimmalek. 2011. Genetic Diversity and Population Structure of Four Iranian Alfalfa Populations Revealed by Sequence-Related Amplified Polymorphism (SRAP) Markers[J]. Crop Sci. Biotech, 14 (3): 173–178.

H. Monirifar. 2011. Path analysis of yield, quality traits in alfalfa[J]. Notulae Botanicae Horti Agrobotanici Cluj-Napoca, 39 (2): 190.

Moreau Delphine, Christophe Salon, Nathalie Munier-Jolain. 2007. A model-based framework for the phenotypic characterization of the flowering of Medicago truncatula[J]. Plant Cell and Environment, 30: 213–224.

N. D. Young. 1996. QTL mapping and quantitative disease resistance in plants[J]. Annu Rev Phytopathol, 34: 479–501.

N. Diwan, J. H. Bouton, G. Kochert, et al. 2000. Mapping of simple sequence repeat (SSR) DNA markers in diploid and tetraploid alfalfa[J]. Theor. Appl. Genet, 101: 165–172.

N. Diwan, P. Cregan, G. Bauchan, et al. 1997. Simple sequence repeat (SSR) DNA markers in alfalfa and perennial and annual Medicago species[J]. Genome, 40: 887–895.

N. Jones, H. Ougham, H. Thomas. 1997. Markers and mapping: We are all geneticists now[J]. New Phytol, 137: 165–177.

N. Risch. 1992. Genetic linkage：Interpreting LOD scores[J]. Science，255：803–804.

P. Annicchiarico，B. Barrett，E. C. Brummer，et al. 2015. Achievements and challenges in improving temperate perennial forage legumes[J]. Critical Reviews of Plant Science，34：327–380.

P. Kaló，G. Endre，L. Zimányi，et al. 2000. Construction of an improved linkage map of diploid alfalfa（*Medicago sativa* L.）[J]. Theoretical and Applied Genetics，100（5）：641–657.

P. McCord，V. Gordon，G. Saha，et al. 2014. Detection of QTL for forage yield, lodging resistance and spring vigor traits in alfalfa（*Medicago sativa* L.）[J]. Euphytica，200（2）：269–279.

Paul Varga，Elena Marcela Badea. 1992. In vitro plant regeneration methods in alfalfa breeding[J]. Euphytica，59：119–123.

R. A. Fisher. 1947. The theory of linkage in polysomic inheritance[J]. Biol. Sci，233（594）：55–87.

R. C. Elston. 1984. The genetic analysis of quantitative trait difference between two homozygouse line[J]. Genetics，108：733–744.

R. Hayama，S. Yokoi，S. Tamaki，M. Yano，et al. 2003. Adaptation of photoperiodic control pathways produces short-day flowering in rice[J]. Nature，3（422）：719–722.

R. Henry. 1997. Molecular markers in plant improvement. In：Practical Applications of Plant Molecular Biology[M]. Chapman and Hall，London.

R. J. Elshire，J. C. Glaubitz，Q. Sun，et al. 2011. A robust，simple genotyping-by-sequencing（GBS）approach for high diversity species[J]. PloS one，6（5）：e19379.

R. Wu，M. Gallo-Meagher，R. C. Littell，et al. 2001. A general polyploid model for analyzing gene segregation in outcrossing tetraploid species[J]. Genetics，159：869–882.

S. A. Jackson，A. Iwata，S. H. Lee，et al. 2011. Sequencing crop genomes：approaches and applications[J]. New Phytol，191（4）：915–925.

S. Muhammet，L. akirog，J. J. Doyle，et al. 2010. Inferring population structure and genetic diversity of broad range of wild diploid alfalfa（*Medicago sativa* L.）accessions using SSR markers[J]. Theor Appl Genet，121：403–415.

S. S. Wu，R. Wu，C. X. Ma，et al. 2011. Amultivalent pairing model of linkage analysis in autotetraploids[J]. Genetics，159：1 339–1 350.

S. Tavoletti，P. Pesaresi，G. E. Barcaccia Albertini. 2000. Mapping thejp（jumbo pollen） gene and QTLs involved in multinucleate microspore formation in diploid alfalfa[J]. Theoretical and Applied Genetics，101：372–378.

Suresh Kumar. 2011. Biotechnological advancements in alfalfa improvement[J]. Appl Genetics，52：111–124.

W. W. Xu，D. A. SlePer，Chao S. 1995. Genome mapping of polyploidy tall fescue（Festuca arundinacea Schreb. ）with RFLP markers[J]. Theoretical and Applied Geneties，91：947–955.

Wang Y，Yang S，Irfan M，et al. 2013. Genetic analysis of carbon metabolism–related traits in maize using mixed major and polygene models[J]. Australian Journal of Crop Scienc，7（8）：1205.

Wilfried Rémus–Bore，Yves Castonguay，Jean Cloutier，et al. 2010. Dehydrin variants associated with superior freezing tolerance in alfalfa（*Medicago sativa* L.）[J]. Theor Appl Genet，120：1 163–1 174.

Xuehui Li，Xiaojuan Wang，Yanling Wei，et al. 2011. Prevalence of segregation distortion in diploid alfalfa and its implications for genetics and breeding applications[J]. Theor Appl Genet，123：667–679.

Yu L X，Zheng P，Zhang T，et al. 2017. Genotyping–by–sequencing–based genome–wide association studies on Verticillium wilt resistance in autotetraploid alfalfa（*Medicago sativa* L.）[J]. Molecular plant pathology，18（2）：187–194.

Yuanhong Han，Dong–Man Khu，Maria J，et al. 2012. High–resolution melting analysis for SNP genotyping and mapping in tetraploid alfalfa（*Medicago sativa* L.）[J]. Mol Breeding，29：489–501.

Yves Castonguay，Jean Cloutier，Annick Bertrand，et al. 2010. SRAP polymorphisms associated with superior freezing tolerance in alfalfa（*Medicago sativa* spp. sativa）[J]. Theor Appl Genet，120：1 611–1 619.

Z. B. Zeng. 1994. Precision mapping of quantitative trait loci[J]. Genetics，136：1 457–1 468

Z. W. Luo，R. M. Zhang，M. J. Kearsey. 2004. Theoretical basis for genetic linkage analysis in autotetraploid species[J]. Proc. Natl. Acad. Sci. USA，101（18）：7 040–7 045.

Zan Wang，Hongwei Yan，Xinnian Fu，et al. 2013. Development of simple sequence repeat markers and diversity analysis in alfalfa（*Medicago sativa* L.）[J]. Mol Biol Rep，40：3 291–3 298.

Zhang T，Chao Y，Kang J，et al. 2013. Molecular cloning and characterization of a

gene regulating flowering time from Alfalfa（*Medicago sativa* L.） [J]. Molecular biology reports，40（7）：4 597–4 603.

Zhang T，Yu L X，Zheng P，et al. 2015. Identification of loci associated with drought resistance traits in heterozygous autotetraploid alfalfa （*Medicago sativa* L.） using genome–wide association studies with genotyping by sequencing[J]. PloS one，10（9）：e0138931.

附　录

引物名称 Primer Name	5′-3′上游引物 Forward	5′-3′下游引物 Reverse
mtic331	CCCTCTTCTACCTCCTTTCCA	GGAAGAGAAGATGGGGGTGT
mtic148	TAGTCTCTCTAGTACATGACTAATCT	CTCCCACACAATTTTTCG
mtab_52g10c	CATAGCTCCCACGCTTGAA	GCTTTGCTAAAACTCCCACA
mtic356	CGGCGATGGAAAATTGATAG	CCAATACAAACTTTGCGTGAGA
msest53	GGATCGTATCTGCTGCGAC	GTTCCAAACGTTGGAGTGAC
msest100	TCGAACCCTTGGTCACTATC	CTGAAGTTCAACGGAAGGAA
h2_166b10a	TCACCGATAAACACTCTCCC	GAAATGGGTTTGCGGTAATC
mtic55	CAGTTCGGGAAGAGGACAAA	ATCCCAAACCAGGTTCTTCA
h2_28n21c	AAAACAACATGGGGACGATG	CACGGTGAGTAGCCACAACA
mtic125	CATTCTTCTGCACCCAATCC	TGAAATTTGAACGCAGAAATCA
mtic86	ATGGCAGCTGCTTCAACTTT	CCTCCCCCAAATAACACAAA
mtic66	CGATCTTCTTCCGCCATAGA	ATTCGTCTGTCCCGACTCTG
h2_9p17d	TCCAGGAAAATGCAGGTTTG	CGGTTTGCATTCCATTTCTT
mtic35	GAAGAAGAAAAAGAGATAGATCTGTGG	GGCAGGAACAGATCCTTGAA
mtic89	GGAACAAGAAAGATTTGATTTTG	TTCGAACGAATGAACCAAGA
mtic51	AGTATAGTGATGAAGTGGTAGTGAACA	ACAAAAACTCTCCCGGCTTT
mtic93	AGCAGGATTTGGGACAGTTG	TACCGTAGCTCCCTTTTCCA
msest61	GGACACAACACCTCACACAT	TGGCTTCTTCCTTATCATCG

（续表）

引物名称 Primer Name	5′-3′上游引物 Forward	5′-3′下游引物 Reverse
msest52	CACCAATCTCAGGTGTGTGA	GGATCAGCTTCAAAACCAAG
mtic40	CATCATTAACAACAACGGCAAT	TGCAAACACAGAACCGAAGA
be129	GAAGTTGCGTCAGAGAGATCAG	AACAAACACAGGCTTCACCATA
mtic153	TCACAACTATGCAACAAAAGTGG	TGGGTCGGTGAATTTTCTGT
h2_25f20c	GAATTGAAGCGCAAACCCTA	CATTTTTGGAGCGGCTGTAT
aw190	ATGCAAGAGAGGTGAAAATTCC	TGGAACCACATATCAACATCGT
msest130	GACAACTCAAACCGTCCATC	GATCGGAAGAGGATTTTGGT
msest107	TTGAAAACTCAGTCTTGCCC	AGAGCGTAATCACGGAATTG
mtic185	AGATTTCAATTCTCAACAACC	TCTATGATGGATACGATACGG
mtic489	CCTCTTCGTGTTCTTCCTTCA	TGGAGTAATTGGTCGGGAAC
msest66	CATCAATGCTACTTTCCTAGCC	CCCAAAAGCACTTCACTACC
msest137	GGGGCGACTCTTCATATTTT	GAGAGGATGAAGAGGGAAGC
h2_17e17b	GTAGAGCGCTCGCTTAGCAT	CGCAAAACCCTAACTCGAAG
msest110	GATTGATTCGGTTACCGTTG	GTAATCATCGTCGGCTCTGT
mtic103	TGGGTTGTCCTTCTTTTTGG	GGGTGCAGAAGTTTGACCA
aw312	CTGTGGGGAACAAGAAGAAGAG	CCAGTAACAACAGTCCCATTTG
h2_2d6a	AACGGAAACCCGTTGTAATG	CCTCAACCCACACTGTTTCA
h2_138f22f	AGAGAGCTTGCCTCAAGAGA	TCGGGTAAGAGTGAAATGGG
be131	GCAACTCTTTCTCACTCACCA	GTTGAGTGGTGGCATTTGAAC
002f12	TGCAAATCATTGAGTTCCTC	TCCAGCCTCATGTAGTTTCT
be76	GAGGAAGAGGAAGAGGAGGAAG	TGAAAGTTGAAGGATCTGGTGA
004g02	TGAAGAGATAGCGTGTTTCC	ATTGCAGGTAAGATGCCTAA
aw363	CGGATCTCATGTCAGCAATAAA	AGATTTACACTTGCCCATCTCG
h2_168i20a	GATGGAGGATTTTTGAGGGA	GCAAGGAGGGACATGCATTA
h2_59i21b	TCACCATGGACATCTTCTTCTG	TGGGAAAATCTATCCCCCAT
h2_2p16d	ACACACCCTTTTGTTCCTGC	CGGTTCCTCTTCACCATCTC

（续表）

引物名称 Primer Name	5′-3′上游引物 Forward	5′-3′下游引物 Reverse
msest94	AACTCCCAAACTCAGAACCC	TCCTCGTTCTCGAACTTGTC
aw208206	TTCTGACACCGATTGTGCAT	TAGGGGTATGGGTGGTTGTG
aw254	TATATGCTTGTTGAGGCCACTG	CACATCTTCGTCATCATCTTCA
004g07	TAAACTCCACCAGCTTTCAT	GGGAATATTTTGGTGGTACA
aw290	TGAGAGATTGATGGGCAATACA	AAGTTGAAGGAAGGTGGTGGT
msest84	TCATCAGCAACATCATCGAC	GTCGGAGACATGAACTTTGG
bf520549	GTGAAAGGGAAAGTGATGACG	TTGAGTTGGAGTTAGAGGGTCTG
msest1	ACGGTGGTGTGTTTATTGCT	CCATATGCAACAGCCCTTAG
al92	TGCTCCTCCTCTGCTTCTTC	TGACTCTTGCATGCAGTTCC
h2_73h22a	CACGCGGAAGCTTTCTAGC	TCCGTAGGATGCCTAATTGA
mtic145	CCAAAAGGGGCAATTTTCTT	GCATAATTCAATACTTGATCCATTTC
003a02	CTCTACGCACCAACCACTCA	TTTTAGGTGGGTGTAGCTTGC
mtic75	CCGTCCCTCCACGAAACT	TGACATGTATTGTTTATTTTCGTAACA
be123	ATCACAAGCCTCAACAGCCATA	TTGATGGGTAAAGGAGAAGGTG
aw697393	TTGTTCGATCCATCATCATCA	CCAAGGTTCCATCTTCATCG
msest30	GAGGATCAAACTACCCAACTCA	TAGCTTAGGTGGCACACTCC
002e12	TCTGCACTTTCATCACCAGC	TCCGAATTTTGTTGGGAGTC
003e11	GAGGGTGTAAGACCCCAGAA	ATTGCAGGTAAGATGCCTAA
001b01	TAGAAACACACTCACCCGCA	GGAATTGCGACAACTACGGT
msest128	GGTAACGCCCACAGAGTTC	GTTGTCCATTGGAGTTGGAG
aw696663	TGAGGTTTTGGGCAAGAGTT	TCCAATCATCCCACACTTTG
001a10	CCATCCTTTTACGATGACCG	GGCTTACCACCACCACATTC
be149	GTGTTTGGGAGATTTTGAGGAG	GCATGATAGCAAGTGGAACCATA
msest43	GGGATTCCCTTCAAACACAT	GAGGGAAGCTCTGACACAAA
msest143	TCGAAACGGTTACCAAAGAG	TGTTGTTGATGATGACGAGG
msest48	AAGACTTTGGAACCATCGTG	TAACATCCCGTTCTGTGGTT

（续表）

引物名称 Primer Name	5′-3′上游引物 Forward	5′-3′下游引物 Reverse
h2_108p9d	GCAATGATTGGTGTCTCGTG	ACGGTACCCCTCTTGAAAGC
msest15	AGACACCCCGACAGATACAA	CACACTCTTCATTCGCACTG
al89	CAAAGGCACTTCATCAGCAA	TGAAGATTGAGAGGCGGTCT
be137	GAGACAAGGTTTTAATAGCCACAC	GGCCCTGATAGCCATAACTGT
aw186	TCTCTCCATCATCACCATCATC	TGCTTGAACTTTGAGTCTTGGA
msest63	AAGGTCAATGAAACTGCTGC	TGCACTTCAAATAGCACAGC
be74	TACTGTCCCAATCTTCACAACG	GCACAAGCAGCCATATTGATAG
msest102	CATTAGCAGGGGAAAACAGA	CTTCCTCCCTTGCTTTCTTT
msest28	GGGATCTCACAACTTCCAAA	ATTCTTCATCAGTGGGGTGA
msest26	GGGGGTGGATAGTTAGCTC	ACCCTATCATGCCAGTTGAA
be325495	CAGCCACATTTTGCTGTAAAGA	AGTAACCTTTGACCCCAGCAT
aw220	GCCACAATTTTCTCATCATCAC	TGCTGCTGTGCCGTAGTAGATA
be68	TCTGTTTACCACACGCAACTTC	CAGAAGCCATTAGCCTGAACAT
msest18	GGGATTCACCACCATACAAA	ATGTTGTCCAACTCGGTGAC
be321920	CCCAAGCAAGGTGTGAGAA	TGGAAGAAGGGTTTGGAAGA
be325390	GCAACTCTTTCTCACTCACCA	GTTGAGTGGTGGCATTTGAAC
mtab_58m19b	AGCCAGCTAAAATGCAAGGA	GCACCTTTTAATGTGAGCCA
msest99	CGTCACTTCGAACATCAGAA	TAGTTGGACTTGCTTCCCTG
msest92	GCATTGCACCATAAACCCTA	CACTGCATCATCATCATCGT
mtab_8d15_fr1	TAATTGGGGATGAAAATCTG	CCTCATGTCACTCATCATCA
aw127339	AGAAGCATCACGTCTTGCAG	TTGGCATACAAAGGCACAAG
aw259	ATGTCCGCCAGATGAGATAGAT	ATTGTAGGTGGGTGTTGGAGAT
aw256656	CCCAGACAACATTTCCTTACTATCGTCA	CCAAGTAGTAGGCAAAACCCAACAAATT
al372597	CCCTTCATTCCTTTCTTTTCC	CCAATTTCCTTGGAGTGATGA
mtic80	ACGAGTCATCCCCAGAAGAG	TGATGGGCACGTGAGATTTA
msest9	ACAACATGGCTTCAACACCT	TCACCCACCAAATCAGAATC

（续表）

引物名称 Primer Name	5′-3′上游引物 Forward	5′-3′下游引物 Reverse
msest88	CTCTGAAGGAGATGGCAAGA	AAACAGAACTGGAGCGAGAA
shmt	AGTTGCACTCGAAAGGATAC	AATTTAGGTAAAACAAGGGA
msest79	GTCACACAGTTTTGGTCTGCT	AAAACGAAACCACTCAGACG
al374644	GGCATAACGTATCCGACACC	TCATCAATGGTCCACAGCAT
msest109	CTGTCTCTTCTCTGCAACGC	GCGTATCCAACAACCACTTT
bf634729	CGCACATTCTACGTCACACA	AGCCGCCATATTAGCAGAAA
msest83	ATTACGCGACCATCATCATC	CTAACAGAGAGTTTCCCGCA
mtic21	GGTGATTGACTGTGGTGTCG	ATCCGGTCTCCCAGGTTCTA
aw126291	TGGCTAAACCATTGAAGTGC	TCCTGCCAAGAAGTTTTCAC
aw256557	GATATTTTCATTACTCAGCAACTTTTTCACAG	TGCTTCATCCCACTTATCATCAATACC
aw329771	GGAATAATGCTGGTGGAAGC	ATCCCATTCAAGGAAACACC
aw573833	GGTTGCAGCTTGGCTAGTTC	CGTAAACGTCGCCTTAAACA
bg245	GGATCTGGGTTTTGTTTTCTCA	GACTTTTCCAATTCACCAAAGG
mtic77	TCTTCATCGCTTTCTTCTATTTCA	GCCGTATGGTGTTGTTGATG
bf171	AGTACCAACAACACCATCATCG	CACTAGCTTCCACCCTTTGAAT
mtic250	GCCTGAACTATTGTGAATGG	CGTTGATGATGTTCTTGATG
tc105099	ACAACCATGATGTGGGAATG	AGATAGGAATTTGGGTCGGG
e318681	ACCATCAACACCAACAGCAG	TGCTACTTCCGCTTTGTTCA
mtic90	TTTTCTTCTTCAAACCCCTAACC	GATTATCGTTGAGCGGTGGT
mtic326	GATCACCCTTTATGGAGTTTGAA	CGACTTCAATTGACCCCCTA
mtic237	CCCATATGCAACAGACCTTA	TGGTGAAGATTCTGTTGTTG
2a09.gaa.5-2	GCGGTGAAAGAGTGTCCAAT	GAGGAGATGATGCAAGTGCC
bg143	TCAGGTAGTTGACGACGAAGAA	GGTAATCGTTGGCGTTGTTTAT
mal369471	ATTCACACAAACCCATCTTC	AAACCCTTAGCACCGACA
mtic452	CTAGTGCCAACACAAAAACA	TCACAAAAACTGCATAAAGC
bf207	GTAAATTCAAGGGCCAAGGTC	GAGTAGGTTTGGGTTTGGGATT

（续表）

引物名称 Primer Name	5′-3′上游引物 Forward	5′-3′下游引物 Reverse
mtic332	CCCTGGGTTTTTGATCCAG	GGTCATACGAGCTCCTCCAT
mtic247	TTCGCAGAACCTAAATTCAT	TGAGAGCATTGATTTTTGTG
mtic94	GCTACAACAGCGCTACATCG	CAGGGTCAGAGCAACAATCA
mtic272	AGGTGGATGGAGAGAGTCA	TCATGAATAGTGGCACTCAA
mtic278	CTTACCCTCCACTGCTACTG	CGCATATAACAGAGGGTTTC
mtic365	ATCGGCGTCTCAGATTGATT	CGCCATATCCAAATCCAAAT
mtic82	CACTTTCCACACTCAAACCA	GAGAGGATTTCGGTGATGT
maa660456	GGGTTTTTGATCCAGATCTT	AAGGTGGTCATACGAGCTCC
mtic188	GGCGGTGAAGAAGTAAACGA	AATCGGAGAAACACGAGCAC
mtic238	TTCTTCTTCTAGGAATTTGGAG	CCTTAGCCAAGCAAGTAAAA
mtic131	AAGCTGTATTTCTGATACCAAAC	CGGGTATTCCTCTTCCTCCA
mtic189	CAAACCCTTTTCAATTTCAACC	ATGTTGGTGGATCCTTCTGC
mtic343	TCCGATCTTGCGTCCTAACT	CCATTGCGGTGGCTACTCT
mtic345	TCCGATCTTGCGTCCTAACT	CCATTGCGGTGGCTACTCT
mtic446	ATAACTGGCTGAACAAATGC	TCTCCTTCCACCCTCTATG
mtic258	CACCACCTTCACCTAAGAAA	TGAAATTCACATCAACTGGA
mtic299	AGGCTGTTGTTACACCTTTG	TCAAATGCTTAAATGACAAAT
be119	GCTAGTTCTGCTCTCACTCTCATC	CATTGTCTTTGTTGTGGAGGTG
mtic451	GGACAAAATTGGAAGAAAAA	AATTACGTTTGTTTGGATGC
aw379	GTCTCTCTCTATTCTCTTCCCTTTTC	TTCTCGAAATCTTCTGCTCTCG
aw361	CGCTTGGGAAGGAGTAAGAG	GAGGAGGAAGACGATGATGTTT
mtic470	GGTTCGTGTATTTGTTCGAT	CCCTTCACAGAATGATTGAT
be67	CTCCATTCTCCATTTCAATACC	CACCAGCCTCTAAGCTCATTTT
be01	GAGCGTTTGGAAGTTTTGGA	TCTTGCTTGCACTTGTACGG
mtic19	TCTAGAAAAAGCAATGATGTGAGA	TGCAACAGAAGAAGCAAAACA
mtic183	AAATGGAAGAAAGTGTCACG	TTCTCTTCAAGTGGGAGGTA

（续表）

引物名称 Primer Name	5′-3′上游引物 Forward	5′-3′下游引物 Reverse
mtic48	TTTTTGTTAGTTTGATTTTAGGTG	GCTACAAAGTCTTCTTCCACA
bg82	AACGGTGGTGTGTTTATTGCT	TTCCCATATGCAACAGACCTT
mtic304	TTGGGCTTAATTTGACTGAT	AGCGTAAAGTAAAACCCTTTC
fmt13	GATGAGAAAATGAAAAGAAC	CAAAAACTCACTCTAACACAC
b14b03	GCTTGTTCTTCTTCAAGCTC	ACCTGACTTGTGTTTTATGC
mtic124	TTGTCACGAGTGTTGGAATTTT	TTGGGTTGTCAATAATGCTCA
bg07	GTGGTGATGCTGAAAGTGTT	GTTGTCTTTGAAGCTGTGGA
aw369	GCGCTCATCATCTTCATCTAAA	AGAATTGAGACATGGCAGAGG
mtic251	GCGATGCTATTGAGAAAACT	AAATAAACCCAAAGGACTCG
bi75	CCCAATTCAAAACGAAGAACC	CGTAGGAAGAAGGATCGAGTTC
bf111	TGAGAGAGAGTTCGTGGGTTG	TCAGTGAGAAGGTCGTTCATGT
mtic432	TGGAATTTGGGATATAGGAA	GGCCATAAGAACTTCCACTT
b21e13	GCCGATGGTACTAATGTAGG	AAATCTTGCTTGCTTCTCAG
aw359	GAGGAAGAGGAAGAGGAGGAAG	TTCAAGGATCTGGTGATGATGA
mtic107	CAAACCATTTCCTCCATTGTG	TACGTAGCCCCTTGCTCATT
bg29	TCCCTTAAATCCGTGGCTCT	TTCCCATGCAGAAGAAATCC
aw12	AAGCAAGTTCTGTTGATGGAGA	TTGTGAAAGCCAAAACACCA
al371804	TCATGTTGCAGTTGGAAGGA	TGGTTCTTAATTTTATCCATCATCA
mtic318	TCAACCAACTCAATGCCACT	TTGTTGTGAAATGGAAAATGG
bf182	GAGGTTGAGTACGAAGGTGGAG	TAGAACGGAATCGAGTGGAGAT
be84	TCCGAACCCTACTTCCAAATTA	TGGGATACTGATTTTCTGCTTC
aw345	TCAACCTAAAACCTTCGTCACC	ACGTGTCAAAATCGAGTGAGG
be114	CCACCTCATCACTCCGTAAAA	ATGAAGCTGTTGTTGTTGCAGT
aw326	ACTTTCTTCCTCATTGCTCTGC	GCATATCCATTCCAAGTTCATC
be73	ATATCCACCTGGGATTGGGTTA	AGTGTTGCTGATGCTGATTTTG
be15	TCACACTGCACAAGCATAACC	CGTGGTGGTCGGACTTATCT

（续表）

引物名称 Primer Name	5′-3′上游引物 Forward	5′-3′下游引物 Reverse
enod20	CGAACTTCGAATTACCAAAGTCT	TTGAGTAGCTTTTGGGTTGTC
bg115	CCACAGAAGAAAGAAGAACTTGC	TGCATTTGTTAACGAGTGTGAA
be81	CGCTCTTGTTGATTCTGCTATG	TTACTCTTCTCCTTGGCAGCTT
aw256	ACCACTACTGCGTTTGTTTGTG	TAAGGAGTTTGGAATGGGAAGA
bi40	CCAACAAAAATCCCATCACC	GTGTCGATCAAGGAGGCAAT
bi103	CCAAACTTCACTCCGAACCTAA	GAAGCGATCTAGCAACAGATGA
be90	TTGTAATGGAGGAGGTTTCACC	AGAAAATGGTTACGGTCGAAGA
bf640494	CCCACACAACACATGCAACT	CCAATGGGTGTGAAGGAATC
aw31	AAGCATCTGAACGGTGAAGG	GTGAAGACTTTGCGGTGGAT
aw295	CAACATTCTTCCATTTCCTTCC	TCTTCATCTTCGTCGTCTTCAA
al82	CCGAATGAGAGCAACCATTT	TTGATCAACAGCGAATCGAG
aw348	GCAACCATCTAAACCCAACAA	AGGCTAATCGACGGGAAAAT
be85	TTTCCTCTTATTATTCTTTCATACCC	CTGATTCGAGATTGGGATTGAT
be120	CGGTGGTGTCTCACATTCAC	TGCGATCTTTGTCAATGAGG
aw329	ACAGTATCAGCAACACCAGCAG	CTGTAATGAGGAGGAGGACCAG
aw258	AATTGGAACCTATCGTTGTCGT	GAGTATCGGAAGAGGGTTGTTG
tc88874_2	TGCAGAATTTCGATATCGGTGGTCC	CTTGCGCGGCCTTCATAATCG
aw365	CACCACTATCTCTTCCCTCACC	TGTTGGTAATGTTCAAGCTCCA
be103	AATGGCGAACACTTTCACTCTT	GATGGTTTCTTCGAGACGAGAG
bg142	AGTATCAATCTTTGGCGCTACC	TGTGGTGAAGAAACGGATAGAA
aw271	CTCTCACTATCACGCAATCCAA	CACGGAAGATGTCACGAATTT
bf249	TCAATCCTTTGAATCCACCAC	CGACCTATGACAAATCGAACAC
ai974357	ATCTCAATTCCCCAACTTGC	TCTCCTTCACCCATCTTTGC
aw289	ACGAGGCACACACTCTCTCTCT	GGTGCTTTCATTACATCCCATA
aw268	ACCTGGCGGGAATAACTTTT	AATTCAAACAGCCGAACATT
maa660870	GTACATCAACAACTTTCTCCT	ATCAACAAAATTCATCGAAC

（续表）

引物名称 Primer Name	5′-3′上游引物 Forward	5′-3′下游引物 Reverse
bg456767	ACTCCCTTAAATCCGTGGCT	CACTGGAACCACGAACCTTT
aw201	CACAGTCATCATCCTTGCTCTC	CCGTCTTTACATGAATCCACAA
aw282	CGACCAAATCACTCTTCTTCAA	AATCCAAGACCATTCACCTGAG
be323614	GCACCAGGAATAATCCAATAACA	AGCCGTCCAGTACCTTTGAC
122161_4	GCGAACTTGTTTCCGATGATGC	CCACGTTGTTGAACAGTGGAAATG
mtic134	GCAGTTCGCTGAGGACTTG	CAATTAGAGTCTACAGCCAAAAACT
mtic27	CGATCGGAACGAGGACTTTA	CCCCGTTTTTCTTCTCTCCT
1b12.ttc.5-1	GAGTGGCCATGGATTCAAAC	GTCGTCGTAGAGTGGGGTGT
1h03.aatt.4-1	TGTCTTCCGTGGTCTCACTG	TGATTCAAGGATGGGAAAGC
aa04	ATTCCGGTCGTCAGAATCAG	GAACTATCACCTTTCCCTTGGA
aa05	CCTTCTGCCATTCATTTCACTT	CTTCAAAGGGTCATCAAATCAC
ai08	CAAATCACAAACCCCTCTTTTC	AATGGAGACAGAAGACACCACA
al108	TAAATTGGAGGAACGGGATG	GACAGATCTTGCAACCAGCA
al366251	GCAAGCAAGCATCAGCTC	AATCGACGGCCTGTGAAA
al384242	ATTGTGGGCATCACAGGTTT	CTTTTCTGGTAGCCATGCGT
al86	CGACAGAAAAACACAACACCA	CCACCGCACTTACGGTAGAT
al91	CCTCTTCGTGTTCTTCCTTCA	TCGGGAACATGAGATTGACA
al93	CCCTTCATTCCTTTCTTTTCC	AATGCTCGTCCTTGTCATCA
aw01	ACCTGTTCTAAGGGAGATTTCG	CAGGGGAAGCATACAAAACC
aw140	GCCAACGGTGAAAGTAAAGC	CTCGCGAAAGTGTTGTTGAA
aw177	TTCTCATCGTCACTCCAAAGAA	CAGCAAAATCCAATCCTTCAG
aw178	TTGCCTCAACCTCTGCTAATTC	GCCGAAGAGCCTTTGATAGTAA
aw194	CGGCTCAACGATCCAGTTA	ATCTCCCCAGATGCTGATTGT
aw206	TCAATCTCCAAAGGCGTAGTAA	CAGTGAAGAGAGGGTGTTGTTG
aw207	AGTGGTGGAAATCTCTTGTCGT	CCTATTCATCCTTGCTCGTTTC
aw211	GGGAGAATATGAAAACTCATGG	ACACGAATAAGGTCACGAGGAT

（续表）

引物名称 Primer Name	5′-3′上游引物 Forward	5′-3′下游引物 Reverse
aw212	GTCGAAATGGTTGCTTCTCTTT	GGTTAGGGTTTTGGGTTTGAA
aw213	ACCCTTGTGGGTTCTTCTTCTT	CATGTACGGGGATTGTTGTTTT
aw214	TCTAATAAGCACAAACGGAGGA	TGCAATGAGGATCGTAAATCTG
aw223	CGGAGGACACAGCAATGTT	AGCGATTGAACAAAGAAACAGC
aw232	AAGAGAGTATCGTGGAGCCGTA	AGCACTTTGTTCATCGTTCTGA
aw234	GGTCAGCACCAAAACAATTACA	TCCCCGAGAAGAAATGAAAGTA
aw235	CAGTTACGGTGTCATTCTCGTC	TTGGGAGGAGTGTATGATGTTG
aw237	AAACAAGAACAAGAGAGTGTGTCG	GCTTGAACCTTCCATCAACAAT
aw241	AGCCCTAATCTCCAAAGACACA	CATAGCCTTCAGCAACAATCAC
aw244	GAAGGAAAGCCAGCATACAATC	GCCAAAAGTGATACATGGACAA
aw247	AGCAACAGCTACCTATAACCAACT	TGAAGGGTAAGCATAATCACCA
aw249	CGCTATTCTCATTCCAGTTTCC	CGTTCTGGTTCTTCTTCTGCTT
aw255	TCTCTCCATCATCACCATCATC	TGCTTGAACTTTGAGTCTTGGA
aw281	TCACCAATCCATCAAACTTCAC	AGCTTCAGTGTCATCTCGTGTC
aw285	AACGACGCTCTTCGACTACTTC	CAACTGTGAACGCAAATCTCTC
aw286	AATCTTCTCCACCTTCGACAAC	CATCAGCAGCGTTGAAATAGAC
aw287	CTAAGTTTCCCAAGTGCAAACC	TCCTTTAATGTAGACAGAGCTTCG
aw291	GATATTGGGTTGGGAGGAGAAT	CCTTAGCAGCCTCTTCAGACTC
aw294	TTGAAGACGACGAAGATGAAGA	TTCTCTGACTTTTGGGCAATCT
aw310	CCACTCAACCTCATCTCTCTACC	CAATGCAAGAAACCCTAAAAGC
aw311	CTTCGTGCGCTGTTTATTCA	ACCCGAGTGAACTGGAAGTG
aw315	TTGATAAAGCAGCGTATGGTGA	AGTTCTGGGTCTACCTCTGGTG
aw317	ACGCACATTTCCATTCTCATTC	TTTTCGATTAGGTCGTGGATCT
aw319	AAAAGGTTTCTAACACCAAGCA	TTCCTGACTTTCCATGATCCTT
aw323	TGTCTTTGCTCCTTCTTCCTTC	GGTGGGAACCCTTTTGATTT
aw324	AAGAATGCTACTACTTCGTACTGTCG	CATATCTAGGTTCATGGCGTTG

（续表）

引物名称 Primer Name	5′-3′上游引物 Forward	5′-3′下游引物 Reverse
aw325	TCTGTAAGAGGGTCACTGCGTA	GCTTGTTGTTGTTGTTGATGCT
aw335	CTCTGCTCCTCCTAAACCCTCT	GAGAATTTTGACCGATTGGAGA
aw343	GGTTCGTGTATTTGTTCGATCC	AATCTCCAAGGTTCCATCTTCA
aw346	TAGCCAACAACACCTTACACAA	TTAAGTCACGGAGCTTGAATC
aw349	TCTGTCACTCGTCTTCCTCGTA	GACCTGCTGCTACTGTTTTGTG
aw351	CAGACACAAAACTTGATAAGAACGA	CGTTAGCGTTTCCCATATTGTT
aw352	ACGTTCCTCCTTCATCTCGTAA	ATCTCCTCGTGTATTCCTTCCA
aw368	AAAAGAGAAGGGAGCACAGATG	TTTCATTACCGAGGTTTCAAGG
aw376	TCGTTAGTGTGTTCGATCTCGT	TTGGTTTCTTCTTTTCCTCAGC
aw382	TTGGAAACCCTAGATTAGATAGATAGG	GTCCCAAGAGGAGACAAGAAGA
aw394	AGGATGATGTGGAAGGAAGAAA	TTGCTAGAGCCTTAAACCCTGT
be105	ATCACCCCAAACCACATCTATC	AAGGGCAAAACCGTAAAAGAGT
be108	CTCCTTCATCCGTTTCTCAAAA	CGATGTTTGCCCAGAATGA
be112	TTCATTTCATAGTTTTCCATTGC	AGCGAGATAGATTTCACCGAAG
be118	CTCCTTTGTAACGCAACAGCAG	TGCAAACTTCACCGAATAGATG
be139	TAGAACACACAAACCCAACACC	CGATCTGGTGAAGAAAAGAAGG
be154	CCATCACCACCATCTCACTTTA	CAAGGGTTGTTGTTTAGGGTTT
be28	GCACGAGGCACAAATCTCTC	CCGAGTACGGATTCGATTGT
be77	TTACACTTGCACTCTTGCACCT	TTTGGATAGTAAGCTGCCATCA
be78	GGGAACAACAGATTGAAACCTC	CCCTCCTTTGGAAGATATGCTA
be80	GAAATCTCTCCCTCATCAATGG	TTGAAAGTGGTTGTGTCAGCTT
be82	GCTTGTCTGATTGTGTTCCTTT	CCACCACCACTTCTGTTTTCTT
be88	TGAACACATGGACTCATCAACC	AGAGTGCTATTCTCTGAAGTGCTTA
be92	AGTTCAAACCCTTACCCTTCA	GATGAGGATGATGATGAATTGG
be93	TTGTAATGGAGGAGGTTTCACC	AGAAAATGGTTACGGTCGAAGA
be98	CCACTCTTCTGTGTTCTTTTCTTC	CATGGTTTTGGACCTTTTGAGT

（续表）

引物名称 Primer Name	5′-3′上游引物 Forward	5′-3′下游引物 Reverse
bf141	TCGCGGTGTTTATTGTAAGATG	GGTTATTGCAGGTTTTGGACTT
bf156	TGGTCCTCATTCTTCAACAGAG	CGTCATCGTATTTGGAACTGAA
bf163	GCCTTACCCTCTCAACCAATAA	GGCACCTTTGGAACTCATTTT
bf170	CAACCAACTCAATGCCACTCTA	GTACTTTGGAGCCATCATCACA
bf190	TTCACCACCCTTTTCTCTTCTC	GCACACCCCTTGAATTGTTATT
bf220	ATCATCGTCGTCGTGTTTATTG	TGAGTTTTCAGATTCAGCAGGA
bf225	TCACTCACACTCAACACACAACA	TTTTCATCTGTGCCCTGTAATG
bf28	TTTCAATCTTCTCCTTTGATTGC	GGCAGCCATGATACAAGTGA
bf56	TCTCACACCCCAAAAACACA	TCAAAGTTGTTGTTCTGCTTGAA
bf69	CTCTCACCAAACCCACTTCC	TTGAAGTTGGTGGAACAGCA
bg105	CCAATCTCCCCTTTTTCTCC	CATTGCTGTTGGAATTGCTG
bg137	ACTCTTCCTCGCCACTTCAAC	CAGAGCAATAAGAACACCAGGA
bg150	GGACGCCTTCTTTGTATTCTGT	GATTGGGATTGAGATTGTGGTT
bg166	AACGACGCTCTTCGACTACTTC	CAACTGTGAACGCAAATCTCTC
bg171	ACCTAGCAACCCAAATCAGAAG	GGATCCAACCGAATTTCTTTC
bg172	CGCCTTCTTCTTCAACACACTA	CCTCGAAAAGATTACCGAACAC
bg180	CTACAAGCCCAGATTTCAAAGG	AGAAGGTGGAACACGTCTCTTC
bg186	ACAACAAAACACAATGGGTGAC	TTGTCGATGAGTTCAACGTTTC
bg208	ACACCTCGAACAAGATTCATCC	AGTAACCGCGAACCAAAGAGTA
bg238	CCGGCTCAACGATCCAGT	AGTGGGAATTGGAGGGTCA
bg242	TTTGAATCCACCACCAACAAC	CGACCTATGACAAATCGAACAC
bg249	GGATACAAAATCCACAAGCACA	ACATAAGCGACTGGAACAAACC
bg267	TGAGAGATTGATGGGCAATACA	AGAGATCACGAATGTTGGGAGT
bg268	AACATCAAATGCTTAAATGACAAA	TAAGATGAGTGGACAAGGCAGA
bg275	TGGCATCTTCATCAACAAGTAG	AGCAGAAGCAGGAGAAGCTAAA
bg28	GAGCAAAGGGGTTTGTCTCA	GCAACTCCAGCTGCATCTTT

（续表）

引物名称 Primer Name	5′-3′上游引物 Forward	5′-3′下游引物 Reverse
bg280	TCAGCAGTTAGTTTTGGTATGC	TGTTGAAGTTGGAGTTTTGGTG
bg281	ACATCATCAACAGCAAAACCAG	GGTTGGAAACAAAGTCAGAACC
bi105	TCGGAAGAAGAAAAGGTCGTAG	ATCCTGATAAGACAAGCCCAAA
bi111	GCCTTTAGTGGGATGAGTTCTG	TTTTGCTGAGGTGATGATATGG
bi116	CACACTTTCTCGTTTGCTCTCT	TCAACCCTTCAGATTTTCTTCC
bi124	CAGACTCAGAAGATGAAAACAACC	CTCCAATCATAAACCTCCCAAG
bi54	ACCACCACCACCTTACTCTCC	TTGTCAAACTCCACAACAGACC
bi64	TGGCGTCTTCTTCTTCTTCTTC	GAGCATATCCATTCCAAGTTCA
bi89	TGGTTACTATTCCCACCATCATC	GTTTTGTCGTTGTGGAGTTTCA
bi93	ATCAACCACAACAACAACAACC	ACGGCAGTTGGATAATAAGCAG
bi96	GGCTAATTCACCTGTTTCTGCT	CTCATTCACCCAACCAAAATGT
maw208206	CTTATGTGCGTGGTATTTCC	AGCTAAACCAACTACCTTTG
mt1a05	TCATCCTCGTTCTCAAACCC	CGAGACGACGAAATCACAAA
mt1b04	CAATCCATTGACTACCGATTCA	TCCAGAATGTTGAAGGGAGC
mt1b06(2)-f	GTTTCCACGTGAAAGCCAGT	CATGGGCTGATACAACACACA
mt1d05	ATGGCAACCCCATAACCATA	CTTGCTGCTATGATCCACTGA
mt1d06	CCATGGCTCTTTCCTACCAA	GAAGGTTTTGGGTGGTGATG
mt1d10	GGGGTGGTTGAATTGATGAG	CCAATTTCTGCCGTTGTTCT
mt1f11	TTACCGCTTTTGGATTCTGG	TTGGTGAGAGCTGGTGATTG
mt1g03	AAAGAGATTGGGTCGGTGAA	TGGTTGATCAATGTTCCTCCT
mt1g05（2）	ATCATTACCGCAGCAAATCC	TTTTTGGAGTTTTGTTGGTGG
mtba12d03f1	AGTATAGTGATGAAGTGGTAGTGAACA	ACAAAAACTCTCCCGGCTTT

（续表）

引物名称 Primer Name	5′-3′上游引物 Forward	5′-3′下游引物 Reverse
mtbc01g06f3	TGCATTGAAGCAAATTAACGA	TCAGGACAAACTGCCATTTC
mtic314	TCTAATCCCAACAACACTCTT	GAAGAAGAAGCCATAGTGTGA
mtic338	TCCCCTTAAGCTTCACTCTTTTC	CATTGGTGGACGAGGTCTCT
mtic339	CCACACAAAACACGCACTCT	GGTAGGATTGCCACGACTGT
mtic58	CATCATTAACAACAACGGCAAT	TGCAAACACAGAACCGAAGA
mtic79	AAAATCCAAAGCCCTATCACA	AGCGTGAGATTTTTCCATCG
mtlec2a	CGGAAAGATTCTTGAATAGATG	TGGTTCGCTGTTCTCATG